21 世纪全国高职高专机电系列技能型规划教材

数控车削技术

主　编　王军红

副主编　刘洪贤

主　审　陈志刚

北京大学出版社

PEKING UNIVERSITY PRESS

内 容 简 介

本书以"任务驱动"为导向，在淡化理论学习的基础上，将必要的基础知识自然有序地融于实训教学任务之中，使学生易于理解数控车削基本知识，掌握数控车削操作技能。

本书根据高职高专教学的基本要求，以强化应用、培养技能为重点，选取生产车间中的典型零件讲解，介绍了数控车削加工工艺、数控车削编程和数控车床操作等基本知识和技能。全书共分 6 个模块：数控车削技术基础知识、数控车削编程与操作基础、外轮廓零件的编程与加工、盘套类(内轮廓)零件的编程与加工、轴套配合件的编程与加工、数控机床的使用与维护。各模块均配有典型任务、仿真加工、实操训练、思考与练习等，方便读者学习和实训练习。

本书适合作为高职院校及中等职业技术学校数控技术专业、机电一体化专业、机械制造及自动化专业、模具设计与制造专业、计算机辅助设计与制造专业的实训教学用书，还可作为各类技能培训的教材，也可供数控车削技术人员参考使用。

图书在版编目(CIP)数据

数控车削技术/王军红主编. —北京：北京大学出版社，2012.8

(21 世纪全国高职高专机电系列技能型规划教材)

ISBN 978-7-301-21053-6

Ⅰ. ①数… Ⅱ. ①王… Ⅲ. ①数控机床—车床—车削—高等职业教育—教材 Ⅳ. ①TG519.1

中国版本图书馆 CIP 数据核字(2012)第 176992 号

书　　　　名：	数控车削技术
著作责任者：	王军红　主编
策 划 编 辑：	张永见
责 任 编 辑：	李娉婷
标 准 书 号：	ISBN 978-7-301-21053-6/TH·0306
出 版 者：	北京大学出版社
地　　　　址：	北京市海淀区成府路 205 号　100871
网　　　　址：	http://www.pup.cn　http://www.pup6.cn
电　　　　话：	邮购部 62752015　发行部 62750672　编辑部 62750667　出版部 62754962
电 子 邮 箱：	pup_6@163.com
印 刷 者：	三河市博文印刷厂
发 行 者：	北京大学出版社
经 销 者：	新华书店
	787 毫米×1092 毫米　16 开本　13.75 印张　312 千字
	2012 年 8 月第 1 版　2012 年 8 月第 1 次印刷
定　　　　价：	28.00 元

前　言

　　数控技术是一门近年来发展起来的自动化机械加工技术，广泛用于机械、模具、汽车等制造行业。专家指出：21 世纪机械制造业的竞争，实质是数控技术的竞争。随着数控技术应用的日趋广泛，对数控技术专业的技能型人才的需求也越来越多。数控技术是综合运用计算机技术、自动控制技术、自动检测及精密机械等高新技术的产物。数控车削技术是数控技术的重要方面。数控车削技术包括数控车削加工工艺、数控编程、数控车床的操作和维护等内容。本书主要围绕这三方面内容讲述，并配以相应的实训练习，使读者能在短时间内掌握数控车削技术的核心内容，为培养应用型数控车削技术人才而编写。

　　本书根据高职高专教学的基本要求，以强化应用、培养技能为重点，选取生产车间中的典型零件讲解。以"任务驱动"为导向，在淡化理论学习的基础上，将必要的基础知识自然有序地融于实训教学任务之中，使学生易于理解数控车削知识，掌握数控车削操作技能。

　　书中配以实用性较强的典型任务、仿真、实操训练、思考与练习等，方便读者学习和练习，使学生易于理解，能举一反三，做到融会贯通。本书还配有电子课件、仿真录像、实操报告、理论考核、实操考核等教学资源，方便教师教学使用。

　　本书介绍了数控车削加工工艺、数控车削编程和数控车床操作等基本知识和技能。全书共分 6 个模块，模块 1 为数控车削技术基础知识，模块 2 为数控车削编程与操作基础，模块 3 至模块 5 通过典型任务讲解不同类型车削零件的编程与加工方法，模块 6 为数控机床的使用与维护。本书配备一些实操训练，供教学使用。各模块小节内容连贯，由浅入深，建议采用一体化教学方式，教学总学时为 120～150 学时。

　　本书适合作为高职院校及中等职业技术学校的数控技术专业、机电一体化专业、机械制造及自动化专业、模具设计与制造专业、计算机辅助设计与制造专业的实训教学用书，还可作为各类技能培训的教材，也可供数控车削技术人员参考使用。

　　本书由天津电子信息职业技术学院王军红任主编并负责统稿，刘洪贤任副主编，陈志刚教授任主审。本书具体编写分工为：模块 1、3 由王军红编写，模块 2、5 由刘洪贤编写，模块 4、实训操作报告由张赐杰编写，模块 6 由刘建敏编写。在本书的编写过程中，李宝柱、陈晓罗等人对本书的编写提出了许多宝贵的建议和意见，在此表示衷心的感谢！

　　由于编者水平有限，书中难免存在一些不足之处，恳请广大读者批评指正。

编　者

2012 年 5 月

目　录

模块 1

数控车削技术基础知识

　　数控车床作为当今使用最广泛的数控机床之一，主要用于加工轴类、盘套类等回转体零件，通过程序控制能够自动完成内外圆柱面、圆锥面、圆弧、螺纹等的切削加工，也可进行切槽、钻孔、扩孔和铰孔等工作。为了更好地使用和操作数控车床，我们必须了解数控车床的分类、基本组成及其工作原理，熟悉数控车床的加工特点。本模块将介绍有关数控车床的基本知识。

1.1　数控车床概述

任务目标	1. 认识数控车床的组成和分类 2. 了解数控车床的产生与发展现状
内容提示	1. 数控机床的产生与发展 2. 数控车床的基本组成与工作原理 3. 数控机床的分类

1.1.1　数控机床的产生与发展

1948 年，美国帕森斯公司与麻省理工学院伺服机构研究所合作进行数控机床的研制与开发工作，于 1952 年研制出世界上第一台三坐标立式数控铣床。1954 年生产出世界上第一台工业用数控机床。此后，美国、英国、德国、前苏联、日本等国家竞相研制和开发数控机床，日本发展最快。现在，著名的厂家有日本的法那克(FANUC)公司和三菱(MITSUBISHI)公司、德国的西门子(SIEMENS)公司、美国的 A-B 公司等。

我国对数控机床的研究始于 1958 年，最早的样机由清华大学研制出。数控机床的发展经历了两个阶段、六代的发展，具体过程如图 1.1 所示。

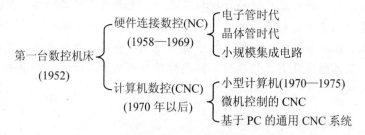

图 1.1　数控机床的发展

现代数控技术正向着高速化、高精度、高柔性及智能化的方向发展，特别是柔性制造技术的发展很迅速。

当今世界上的数控机床向柔性自动化系统发展的趋势：从点(数控单机、加工中心和数控复合加工机床)、线(柔性制造单元 FMC、柔性制造系统 FMS)向面(工厂自动化 FA)、体(计算机集成制造系统 CIMS)的方向发展，另一方面向注重应用性和经济性方向发展。

FMC 可由一台或多台数控设备组成，既具有独立的自动加工功能，又具有一定的自动传送和监控管理功能。它有两类：一类是数控机床与机器人结合，另一类是加工中心与交换工作台结合。多个 FMC 构成一个 FMS，它能够迅速、准确、自动、连续地完成数控加工任务。CIMS 综合利用了 CAD/CAM、FMC、FMS 及 FA 系统，实现现代化的生产制造。

柔性自动化技术是制造业适应动态市场需求及产品迅速更新的主要手段，是各国制造业发展的主流趋势，是先进制造领域的基础技术。

1.1.2 数控车床的基本组成与工作原理

1. 数控机床的概念

数控(NC)是数字控制的简称，是 20 世纪中叶发展起来的用数字化信息进行自动控制的一种方法。

数控装置在运行过程中，不断地引入数字数据，从而对生产过程实现自动控制，用计算机控制加工功能，实现数字化控制，称为计算机数字化控制(CNC)。

采用计算机数字化控制或装备了数控系统的机床，称为数控机床。

2. 数控车床的组成及特点

数控车床是采用计算机数字化进行控制，实现自动车削加工的车床。数控车床主要由车床本体(包括床身、主轴、溜板)、数控系统(包括显示器、控制面板等)、驱动装置(主轴电动机、进给伺服电动机等)和辅助装置(液压气动装置、冷却和润滑系统、排泄装置)等部分组成，如图 1.2 所示。

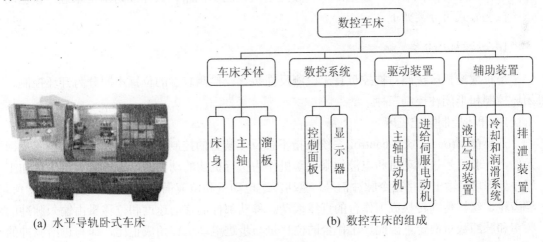

(a) 水平导轨卧式车床 　　　　　　　　　(b) 数控车床的组成

图 1.2 数控车床

3. 数控车床与普通车床的区别

(1) 数控车床采用了高性能的无级变速主轴伺服传动系统，大大简化了机械传动结构。

(2) 采用了精度及刚度较好的传动元件，如滚珠丝杠、贴塑导轨等。

(3) 数控车床进给系统与普通车床有本质的区别，普通车床有进给箱和挂轮箱，而数控车床直接利用伺服电动机通过滚珠丝杠驱动溜板实现进给运动，进给系统的结构较为简单，精度较高。

(4) 大大减小了车床的热变形，保证加工精度稳定，加工质量可靠。

4. 数控车床的工作原理

利用数控车床进行车削加工时，首先根据零件图样的零件形状、尺寸和技术要求确定加工工艺，然后编制加工程序，通过输入装置将程序输入数控装置。数控装置对程序进行翻译、运算之后，向车床 X、Z 坐标的伺服驱动机构和辅助控制装置发出信号，控制机床运动、刀具交换及其他辅助装置的开关，使刀具、工件和其他辅助装置严格按照加工程序的规定进行工作，从而加工出符合要求的零件。图 1.3 所示为数控车床加工过程示意图。

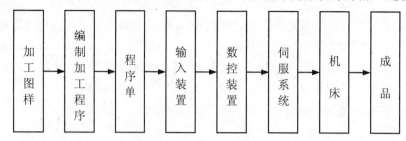

图 1.3　数控车床加工过程示意图

1.1.3　数控机床的分类

数控机床的分类方法很多，按工艺用途分为数控车床、数控铣床、加工中心、数控钻床、数控镗床、数控磨床、数控冲床、数控电火花加工机床、数控线切割机床等。按驱动系统控制方式可分类如下。

1. 数控机床分类

每种数控机床按照对被控量有无检测反馈装置及检测装置的位置不同分为开环控制、闭环控制和半闭环控制三种。

1) 开环控制数控机床

开环控制(open loop control)系统是指不带反馈装置的控制系统，即系统没有位置反馈元件，一般用步进电动机和电液伺服电动机作为执行机构的动力源。数控装置将工件加工程序处理后，输出数字指令脉冲信号，驱动步进电动机和电液伺服电动机转过相应的转角，经齿轮、丝杠传动转换成工作台的直线运动。移动部件的移动速度和位移量由输入脉冲的频率和脉冲数量决定。因此，工作台的位移量与步进电动机转角成正比，即与进给脉冲的数量成正比。如图 1.4 所示，系统指令信息单方向传送，指令发出后，不能反馈回来，故称开环控制系统。

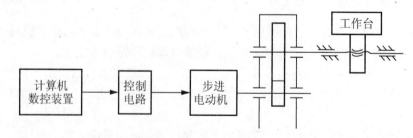

图 1.4　开环控制系统

开环控制系统结构简单，成本低，调试维修方便，不能进行误差校正。同时，由于受开环控制系统中步进电动机的精度和工作频率及传动精度的影响，开环系统的速度和精度都较低，广泛应用于经济型数控机床上。

2) 闭环控制数控机床

闭环控制(close loop control)数控机床，在机床最终移动部件上直接安装位移检测装置，可将工作台的实际位移值反馈到数控装置中，与输入的位移指令进行比较，用差值对机床进行控制。若两者存在差值，经放大器放大后，再控制伺服驱动电动机转动，直至差值为零时，工作台才停止移动。如图 1.5 所示，这种系统称为闭环控制系统。

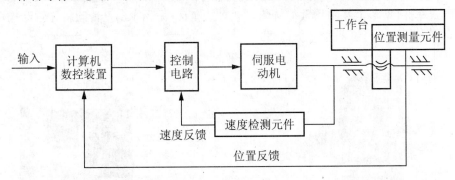

图 1.5　闭环控制系统

闭环控制系统加工精度高，移动速度快，采用直流伺服电动机或交流伺服电动机作为驱动元件，电动机的控制电路比较复杂，检测元件价格昂贵，调试维修困难，成本高。主要用于数控超精车床等精度要求较高的机床上。

3) 半闭环数控机床

半闭环控制系统是通过旋转变压器、光电编码盘等角位移测量元件，测量伺服机构中电动机或丝杠(中间传动件)的转角，间接测量工作台的位移，反馈到数控装置进行比较，利用差值进行控制。此系统中，滚珠丝杠螺母副和工作台均在反馈环路之外，如图 1.6 所示，其传动误差等仍会影响工作台的位置精度，称为半闭环控制系统。

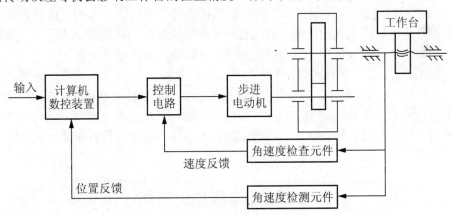

图 1.6　半闭环控制系统

半闭环控制系统的精度介于开环和闭环之间，兼顾开环控制与闭环控制的优点，精度高，稳定性好，成本适中，调试维修较方便，应用于大部分数控机床中。

2. 数控车床分类

数控车床可以按车床主轴位置和功能进行分类，具体情况如下。

1) 按数控车床主轴位置分类

(1) 立式数控车床。立式数控车床简称为数控立车，其车床主轴垂直于水平面，一个直径很大的圆形工作台用来装夹工件。这类机床主要用于加工径向尺寸大、轴向尺寸相对较小的大型复杂零件，如图 1.7 所示。

(2) 卧式数控车床。卧式数控车床的主轴平行于水平面。卧式数控车床又分为数控水平导轨卧式车床[见图 1.2(a)]和数控倾斜导轨卧式车床(见图 1.8)。其倾斜导轨结构可以使车床具有更大的刚性，并易于排除切屑。

图 1.7 立式数控车床

图 1.8 倾斜导轨卧式车床

2) 按功能分类

(1) 经济型数控车床。采用步进电动机和单片机对普通车床的进给系统进行改造后形成的简易型数控车床，成本较低，自动化程度和功能都比较差，车削加工精度也不高，适用于精度要求不高的回转类零件的车削加工。

(2) 普通数控车床。根据车削加工要求在结构上进行专门设计并配备通用数控系统而形成的数控车床，数控系统功能强，自动化程度和加工精度也比较高，适用于一般回转类零件的车削加工。这种数控车床可同时控制两个坐标轴，即 X 轴和 Z 轴。

(3) 车削加工中心。在普通数控车床的基础上，增加了 C 轴和动力头，是更高级的数控车床，带有刀库，可控制 X、Z 和 C 三个坐标轴，联动控制轴可以是(X、Z)、(X、C)或(Z、C)。由于增加了 C 轴和铣削动力头，这种数控车床的加工功能大大增强，除可以进行一般车削外还可以进行径向和轴向铣削、曲面铣削、中心线不在零件回转中心的孔和径向孔的钻削等加工。

1.2 数控车床加工概述

任务目标	1. 明确数控系统的主要功能 2. 了解数控加工的特点 3. 明确数控加工的对象
内容提示	1. 数控系统的主要功能 2. 数控加工的特点 3. 数控加工的对象

1.2.1　数控系统的主要功能

数控系统具有如下基本功能。

1．插补功能

插补即在工件轮廓的起点和终点之间进行"数据密化"，求取中间点的过程。一般数控车床都具有直线插补和圆弧插补的功能。仅高档次的多功能数控车床才具有椭圆、抛物线、螺旋线等复杂曲线的插补功能。

2．进给功能

数控车床的进给功能包括快速进给、切削进给、手动连续进给、点动进给等功能。

3．主轴功能

数控车床的主轴功能包括恒转速控制、恒线速控制、主轴定向停止等功能。恒线速控制可以实现主轴自动变速，刀具相对于切削点的线速度保持恒定，使切削更加平稳、切削零件的表面质量均匀一致。

4．刀具补偿功能

刀具补偿功能包括刀具位置补偿、刀具半径补偿。位置补偿即车刀刀尖位置变化的补偿；半径补偿即对车刀刀尖圆弧半径的补偿。

5．辅助编程功能

数控车床还具有固定循环、镜像、子程序等辅助编程功能。

数控车床通常还具有单段执行、跳段执行、图形模拟、暂停和急停、图形显示、故障诊断报警等功能。

1.2.2　数控加工的特点

现代数控加工正向着高速化、高精度化、高柔性化、网络化、生产管理的现代化的特点发展。

1．高速化

数控机床通过高速运算技术、快速插补运算技术、高速通信技术和高速主轴等实现高速化。机床高速化体现在主轴转速和刀架进给速度提高、刀具交换时间缩短等方面。

目前，数控车床的主轴转速可达 20 000r/min，数控车床刀架的转位时间为 0.4～0.6s。

2．高精度化

高精度是数控技术发展的重要方向之一。加工精度一般在 0.002～0.01mm 之间，精整加工精度已提高到 0.1μm。数控机床是按照数字信号形式控制的，数控装置每输出一个脉冲信号，机床移动部件就移动一个脉冲当量(一般为 0.001mm)，且机床进给传动链的反向

间隙与丝杠螺距平均误差可由数控装置进行补偿，所以，数控机床具有高精度的特性。

3. 高柔性化

柔性即机床适应加工对象变化的能力。高柔性是数控机床最突出的优点。利用数控车床加工零件，不必制造、更换许多夹具、工具等，不需要经常调整机床。当改变加工零件时，只需重新编制程序并输入数控系统，即可进行零件的加工。因此，它适用于零件频繁更换的场合，为单件小批生产、新产品试制等提供了极大的方便。

4. 网络化

数控机床作为车间的基本设备，既要满足单机需要，又要满足柔性制造系统(FMS)和计算机集成制造系统(CIMS)对数控设备的要求，应能通过 Internet 实现远程监视和控制加工，对数控设备进行远程检测和诊断，使维修更便捷。分布式网络化制造系统，便于形成"全球制造"。

5. 生产管理的现代化

数控机床使用数字信息与标准代码传递信息，特别是在数控机床上使用计算机控制，为计算机辅助设计、制造以及管理一体化奠定了基础。

1.2.3 数控加工的对象

由于数控车床具有加工精度高、能做直线和圆弧插补以及在加工过程中能自动变速的特点，因此其工艺范围较普通机床宽。凡能在数控车床上装夹的回转体零件都能在数控车床上加工。数控车床适合加工的零件如图 1.9 所示，归纳如下。

1. 精度要求高的回转体零件

由于数控车床刚性好，制造及加工精度高，并能方便、精确地进行人工补偿和自动补偿，所以能加工尺寸精度要求较高的零件，有时可以替代磨削。此外，数控车削的刀具运动是通过高精度插补运算和伺服驱动来实现的，而且数控车床的刚性好、制造精度高，所以它能加工对母线直线度、圆度、圆柱度等形状精度要求高的零件。另外，数控车削加工与普通车削相比能更有效地提高位置精度。

图 1.9 数控车削零件示例

2. 表面粗糙度要求高的回转体零件

在材质、精车余量和刀具已定的情况下，表面粗糙度取决于进给量和切削速度。数控车床具有恒线速度切削的功能，能加工出表面粗糙度值小而均匀的零件。数控车削还适合于车削各部位表面粗糙度要求不同的零件，表面粗糙度值要求大的部分选用大的进给量，要求小的部位选用小的进给量。

3. 轮廓形状复杂的回转体零件

由于数控车床具有直线和圆弧插补功能，所以可以车削由任意直线和曲线组成的形状复杂的回转体零件。一些在普通车床上无法加工的形状复杂的零件，在数控机床上可以很容易地进行加工，如图 1.10 所示的零件。

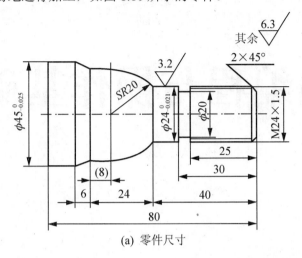

(a) 零件尺寸

(b) 零件外形

图 1.10　复杂形状零件

4. 带螺纹的回转体零件

如图 1.10 所示，普通车床所能车削的螺纹相当有限，它只能车等导程的直、锥面公、英制螺纹，而且一台车床只能限定加工若干种导程的螺纹。数控车床不但能车削任何等导程的直、锥和端面螺纹，而且能车增导程、减导程，以及要求等导程与变导程之间平滑过渡的螺纹。数控车床车削螺纹时主轴转向不必像普通车床那样交替变换，它可以一刀一刀不停顿地循环，直到完成，所以它车螺纹的效率很高。数控车床可以配备精密螺纹切削功能，再加上一般采用硬质合金成形刀片，以及可以使用较高的转速，所以车削出来的螺纹精度高、表面粗糙度小。

小　结

本模块介绍了数控机床的产生与发展现状，要求读者掌握数控车床的基本组成与工作原理、数控机床的分类、数控系统的主要功能、数控加工特点及数控加工对象等知识。

思考与练习

1. 数控车床由哪几大部分组成？各部分的名称及作用是什么？
2. 试述数控车床的加工特点。
3. 数控车床与普通车床的区别是什么？
4. 数控车床是如何分类的？
5. 数控车床的主要加工对象有哪些？

模块2

数控车削编程与操作基础

数控车削加工是机械加工技术的重要环节。数控车削加工过程包含零件的数控工艺分析、程序编制及数控机床的加工操作等步骤。本模块围绕以上几方面进行讲述，包括数控加工工艺基本知识、程序编制基础、数控机床坐标系及数控车床的基本操作等内容，使学生对数控加工的整个过程有初步的认识。

2.1 数控加工工艺基本知识

任务目标	1. 了解数控加工工艺规程的基本知识 2. 学会工艺路线的拟定方法 3. 能运用所学知识进行数控加工工艺设计 4. 学会数控机床工艺装备的选用方法
内容提示	1. 数控加工工艺规程 2. 工艺路线的拟定 3. 数控加工工艺设计 4. 实训操作(一) 数控车床工艺装备的选用

2.1.1 数控加工工艺规程

零件的数控加工是其生产过程中的重要环节，合理安排其加工工艺过程，制定合理的工艺规程，应考虑零件的生产类型及结构特点。

1. 生产过程和工艺过程

1) 生产过程

生产过程即根据设计信息把原材料转变为产品的全过程，包括：

(1) 原材料的运输；

(2) 仓库保管；

(3) 生产技术准备；

(4) 毛坯的制造；

(5) 零件的加工(含机械加工、热处理)；

(6) 产品的装配；

(7) 检验和包装。

2) 工艺过程

改变生产对象的形状、尺寸、相对位置和性质，使其成为成品或半成品的过程，称为工艺过程。工艺过程包括机械加工与机械装配工艺过程。这里讲述机械加工工艺过程，其中常用术语包含以下几个。

(1) 工序。工序是指由一个或一组工人在一个工作地点对一个或几个工件连续完成的那一部分工艺过程。

划分工序的依据是工作地点是否发生变化和工作是否连续，工序是工艺过程的基本组成单元。

(2) 安装。工件经一次装夹后所完成的那一部分工序，称为安装。

在一道工序中，工件可能只需安装一次，也可能需要安装几次。减少安装次数可以减小安装误差及装卸工件消耗的时间，提高加工精度和加工效率。

减少安装次数的措施：采用专用夹具及回转工作台等调整工件的加工位置。

(3) 工位。利用回转工作台(或夹具)、移动工作台(或夹具)，使工件在一次安装中先后处于几个不同的加工位置，每个加工位置称为一个工位。

（4）工步。在加工表面和加工工具不变的情况下，连续完成的那一部分工序内容，称为工步。

划分工步的依据是加工表面和工具是否发生变化。

（5）走刀。在一个工步内，若被加工表面需切除的余量较大，可以用同一把刀分几次进行切削，每一次切削就称为一次走刀。

它们之间的关系如图 2.1 所示。

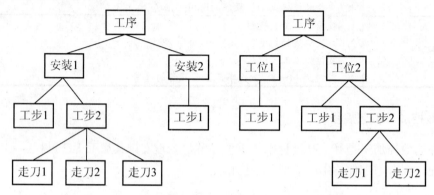

图 2.1　工序、安装、工位、工步和走刀的关系

了解了以上几个术语以及它们之间的关系，有助于我们合理划分机械加工工艺过程，为零件的加工制造、工艺方案的制订提供依据。

2.　生产纲领和生产类型

生产类型决定零件的加工工艺过程，下面介绍零件的生产纲领和生产类型。

1）生产纲领

企业在计划期内应当生产的产品产量和进度计划称为生产纲领。计划期通常为一年，因此生产纲领也常称为年生产纲领。

2）生产类型

生产类型指工厂(或车间、工段、班组、工作地)生产专业化程度的分类。

生产类型的划分需由生产纲领、产品结构特点及大小等因素决定。机械加工生产类型可分为三类，分别应用于以下生产中。

（1）单件生产，用于新产品试制、重型机械和专用设备的制造。

（2）大量生产，用于汽车、轴承、柴油机的生产。

（3）成批生产，用于机床、电动机的生产。

单件小批生产与大批大量生产的工序划分及每道工序包含的内容不同。

3.　零件的工艺分析

1）机械加工工艺规程的制订

在机械产品的生产中，用来规定产品或零件制造工艺过程和操作方法的工艺文件称为工艺规程。

机械加工工艺规程包括工件加工的工艺路线，各工序的具体加工内容、要求及说明，切削用量，时间定额及使用的机床设备与工艺装备等，这些内容均以数控加工专用技术文件的形式给出，一般有如下几种文件：①数控加工工序卡；②数控机床调整卡；③数控加工刀具卡；④数控加工走刀路线图；⑤数控加工程序单。

其中最常用的是数控加工工序卡、数控加工刀具卡及数控加工走刀路线图。图 2.2 所示零件的数控加工工序卡及数控加工刀具卡分别如表 2-1 和表 2-2 所示。

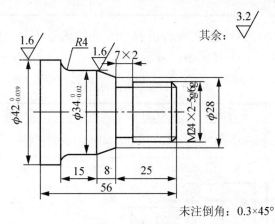

其余：$\sqrt{\dfrac{3.2}{}}$

未注倒角：0.3×45°

图 2.2 螺纹阶梯轴

数控加工工序卡包含工步顺序、工步内容、所用刀具、切削用量等，如表 2-1 所示。其中切削参数的选择包含编程所需的主轴转速、进给速度、最大背吃刀量或宽度等。

表 2-1 数控加工工序卡

单位名称		产品名称或代号		零件名称		零件图号	
				典型轴			
工序号	工序编号	夹具名称		使用设备		车间	
001		三爪自定心卡盘和回转顶尖		TND360		数控中心	
工步号	工步内容	刀具号	刀具规格 /mm	主轴转速 /(r·min^{-1})	进给速度 /(mm·min^{-1})	背吃刀量 /mm	备注
1	平端面	T01	25×25	500			手动
2	粗车轮廓	T01	25×25	500	200	3	自动
3	切 槽	T02	25×25	500	50		自动
4	精车轮廓	T01	25×25	1 200	180	0.25	自动
5	粗车螺纹	T03	25×25	320	640	0.4	自动
6	精车螺纹	T03	25×25	320	640	0.1	自动
编制		审核	批准		年 月 日		共 页 第 页

数控加工刀具卡包含刀具号、名称，刀柄型号、刀具直径及长度等，如表 2-2 所示。

表 2-2 数控加工刀具卡

产品名称或代号			零件名称	典型轴	零件图号	
序号	刀具号	刀具规格名称	数量	加工表面	刀尖半径/mm	备注
1	T01	硬质合金 90° 外圆车刀	1	车端面及粗车轮廓		右偏刀
2	T02	刀宽为 4.0mm 的切断刀	1	切断、切槽		

续表

产品名称或代号			零件名称	典型轴	零件图号	
序号	刀具号	刀具规格名称	数量	加工表面	刀尖半径/mm	备注
3	T03	硬质合金 60° 外螺纹车刀	1	精车轮廓及螺纹	0.15	
编制		审核		批准		共 页

走刀路线图中除了要进行简要的编程说明(如所用机床型号、程序编号、刀具半径补偿、镜像、对称加工方式等)，还应注明编程原点与对刀点，如表 2-3 所示。

表 2-3　数控车削走刀路线图

数控加工走刀路线图		零件图号	NC01	工序号		工步号		程序号	O0100
机床型号	CK6140	程序段号	N10～N170	加工内容	车削φ25 外圆柱表面			共 1 页	第 页

编程	
校对	
审批	

符号	◓	●	→	--→
含义	编程原点	起刀点	切削进给路线	退刀路线

2) 零件的工艺分析

制订零件的机械加工工艺规程之前，应对零件进行详细的工艺分析。其主要内容包括产品的零件图样分析、结构工艺性分析和零件安装方式的选择等内容。

(1) 零件图分析。首先应明确零件在产品中的作用、位置、装配关系和工作条件，了解各项技术要求对零件装配质量和使用性能的影响，然后再对零件图样进行分析。

① 零件图的完整性与正确性分析。

② 尺寸标注方法分析。局部分散标注方法[见图 2.3(a)]不利于工序安排和数控加工。在数控加工零件图上，尽量统一基准标注尺寸[见图 2.3(b)]，或直接给出坐标尺寸。

③ 零件技术要求分析。零件的技术要求主要是指尺寸精度、形状精度、位置精度、表面粗糙度及热处理等。这些要求在保证零件使用性能的前提下，应经济合理。

④ 零件材料分析 在满足零件使用要求的前提下，应选择切削性能好、成本低的材料。

(2) 零件的结构工艺性分析。零件的结构工艺性是指所设计的零件在满足使用要求的前提下制造的可行性和经济性，即零件的结构应方便加工时工件的装夹、对刀和测量。良好的结构工艺性，可以使零件易于数控加工，提高切削效率。结构工艺性不好会使加工困难，浪费材料及工时，甚至无法加工。如发现零件结构不合理，应与设计人员一起分析，按规定手续对图样进行必要的修改和补充。表 2-4 为常见车削零件结构的工艺性分析。

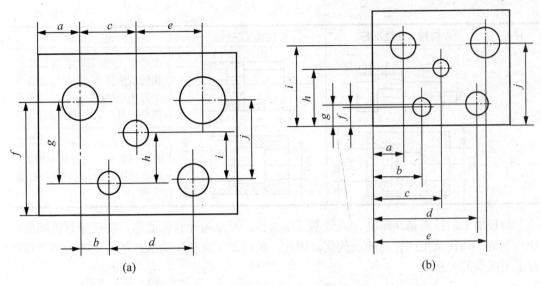

图 2.3　零件尺寸标注分析

表 2-4　常见零件结构的工艺性分析

序号	A 结构工艺性不好	B 结构工艺性好	说　明
1			结构 B 键槽的尺寸、方位相同，可以在一次装夹中加工出全部键槽，以提高生产率
2			结构 B 各槽宽度尺寸相同，减少了刀具种类和换刀时间
3			结构 B 的凸台或肩部应有退刀槽
4			结构 B 中的被加工孔应具有标准孔径，不通孔的孔底和阶梯孔的过渡部分应设计为与钻头顶角相同的圆锥面
5			结构 B 中外螺纹的根部及不通螺纹孔应设置退刀槽或螺纹尾扣

续表

序号	A 结构工艺性不好	B 结构工艺性好	说　明
6			生产量大时，轴的各段长度应相近或成倍数，直径尺寸沿一个方向递增(或递减)，以便于调整刀具，采用多刀加工
7			孔 ϕA 与孔 ϕB 有同轴度要求时，尽量在一次安装中加工，保证位置精度，同时减少安装次数

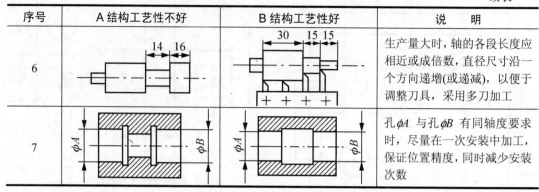

数控加工的特点是高精度、高效率、高柔性，可以与计算机通信，实现计算机辅助设计与制造一体化及生产管理的现代化。因此，数控加工对传统的零件结构工艺性衡量标准有了更细致的要求。

2.1.2　工艺路线的拟定

工艺路线的拟订是制订工艺规程的关键，其主要任务是选择各个表面的加工方法和加工方案，确定各个表面的加工顺序及合理安排工序等。工艺路线的拟订，多采取生产实践中总结出的一些综合性原则，结合具体的生产类型及生产条件灵活处理。

1. 表面加工方法的选择

加工方法选择的原则是保证加工质量、生产率和经济性。为了正确选择加工方法，应了解各种加工方法的特点和加工经济精度及经济粗糙度的概念。

1) 经济精度与经济粗糙度

在加工过程中，影响精度的因素很多。每种加工方法在不同的工作条件下所能达到的精度是不同的。例如，在一定的设备条件下，选择较低的进给量和切削深度，就能获得较高的加工精度和较小的表面粗糙度值。但是这必然使生产率降低，生产成本增加。反之，生产率提高了，虽然成本也降低了，但会增大加工误差，降低加工精度。

加工经济精度是指在正常的加工条件下(采用符合质量要求的标准设备、工艺装备和标准技术等级的工人，不延长加工时间)所能保证的加工精度。

2) 选择加工方法时考虑的因素

各种典型表面的加工方法所能达到的经济精度和表面粗糙度等级都已制定成表格，编制成机械加工手册。现将有关部分内容列于表 2-5 和表 2-6 中。

表 2-5　外圆表面加工方法

序号	加工方案	经济精度公差等级	表面粗糙度值 $Ra/\mu m$	适 用 范 围
1	粗车	IT11 以下	50～12.5	适用于淬火钢以外的各种金属
2	粗车—半精车	IT8～IT10	6.3～3.2	
3	粗车—半精车—精车	IT7～IT8	1.6～0.8	
4	粗车—半精车—精车—滚压(或抛光)	IT7～IT8	0.2～0.025	

续表

序号	加工方案	经济精度 公差等级	表面粗糙度值 $Ra/\mu m$	适 用 范 围
5	粗车—半精车—磨削	IT7～IT8	0.8～0.4	主要用于淬火钢，也可以用于未淬火钢，但不宜加工有色金属
6	粗车—半精车—粗磨—精磨	IT6～IT7	0.4～0.1	
7	粗车—半精车—粗磨—精磨—超精加工(或轮式超精磨)	IT5	0.1～0.012 (或 Rz 0.1)	
8	粗车—半精车—精车—金刚石车	IT6～IT7	0.4～0.025	主要用于要求较高的有色金属加工
9	粗车—半精车—粗磨—精磨—超磨或镜面磨	IT5 以下	0.025～0.006 (或 Rz 0.05)	极高精度的外圆加工
10	粗车—半精车—粗磨—精磨—研磨	IT5 以上	0.1～0.006 (或 Rz 0.05)	

表 2-6　内孔加工方法

序号	加工方案	经济精度 公差等级	表面粗糙度值 $Ra/\mu m$	适 用 范 围
1	钻	IT11～IT12	12.5	加工未淬火钢及铸铁的实心毛坯，也可以用于加工有色金属(但表面粗糙度稍大，孔径小于 20 mm)
2	钻—铰	IT8～IT10	3.2～1.6	
3	钻—粗铰—精铰	IT7～IT8	1.6～0.8	
4	钻—扩	IT10～IT11	12.5～6.3	同上，但孔径大于 20mm
5	钻—扩—铰	IT8～IT9	3.2～1.6	
6	钻—扩—粗铰—精铰	IT7	1.6～0.8	
7	钻—扩—机铰—手铰	IT6～IT7	0.4～0.1	
8	钻—扩—拉	IT7～IT9	1.6～0.1	大批大量生产(精度由拉刀的精度而定)
9	粗镗(或扩孔)	IT11～IT12	12.5～6.3	除淬火钢外的各种材料，毛坯有铸出孔或锻出孔
10	粗镗(粗扩)—半精镗(精扩)	IT8～IT9	3.2～1.6	
11	粗镗(粗扩)—半精镗(精扩)—精镗(铰)	IT7～IT8	1.6～0.8	除淬火钢外的各种材料，毛坯有铸出孔或锻出孔
12	粗镗(粗扩)—半精镗(精扩)—精镗—浮动镗刀精镗	IT6～IT7	0.8～0.4	
13	粗镗(扩)—半精镗—磨孔	IT7～IT8	0.8～0.2	主要用于淬火钢，也可以用于未淬火钢，但不宜用于有色金属
14	粗镗(扩)—半精镗—粗磨—精磨	IT6～IT7	0.2～0.1	
15	粗镗—半精镗—精镗—精细镗(金刚镗)	IT6～IT7	0.4～0.05	主要用于精度要求高的有色金属加工
16	钻—(扩)—粗铰—精铰—珩磨；钻—(扩)—拉—珩磨；粗镗—半精镗—精镗—珩磨	IT6～IT7	0.2～0.025	精度要求很高的孔
17	以研磨代替上述方案中的珩磨	IT6 级以上	0.1～0.006	

一般的，满足同样精度要求的加工方法有若干种，选择时还应考虑下列因素：

(1) 工件的加工精度、表面粗糙度和其他技术要求。例如，加工精度为 IT7，表面粗糙度为 $Ra0.4\mu m$ 的外圆柱表面，通过精细车(金刚车)是可以达到要求的，但不如磨削经济。

(2) 工件材料的性质。例如，淬火钢的精加工常用磨削；有色金属的精加工要用高速精细车(金刚车)或精细镗(金刚镗)，以避免磨削时切屑堵塞砂轮。

(3) 工件的结构形状和尺寸。

(4) 结合生产类型考虑生产效率和经济性。

(5) 现有生产条件。应该充分利用现有设备，挖掘企业潜力，发挥工人的创造性。

2. 工序的划分

分析工艺过程时需将同一加工阶段中各表面的加工分成若干个工序，工序划分的原则分为工序集中原则和工序分散原则。工序集中原则是指每道工序包括尽可能多的加工内容，从而使工序的总数减少。工序分散原则就是将工件的加工分散在较多的工序内进行，每道工序的加工内容很少。

划分工序主要考虑生产纲领、零件结构特点、技术要求和机床设备等。大批大量生产中常采用高效设备及工艺装备，如多轴、多刀的高效加工中心，可按工序集中原则组织生产；有时由组合机床组成的自动线加工，则按工序分散原则划分。随着现代数控技术的发展，特别是加工中心的应用，工艺路线的安排更多地趋向于工序集中。单件小批生产时，通常采用工序集中原则；成批生产时，具体情况具体分析。

在数控机床上加工零件，一般按工序集中原则划分工序，要求在一次装夹中尽可能完成大部分或全部工序，一般有以下几种方法：

(1) 按安装次数划分。以一次安装完成的那部分工艺过程为一道工序。该法适用于加工内容不多的工件。

(2) 按刀具划分。同一把刀具完成的那部分工艺过程为一道工序。适用于工件的待加工表面较多、机床连续工作时间较长的情况，专用数控机床与加工中心常用此方法。

(3) 按粗、精加工划分。考虑工件的加工精度要求、刚度和变形等因素来划分工序时，按此原则划分。这种划分方法适用于加工后变形较大，需粗、精加工分开的零件，如毛坯为铸件、焊接件或锻件。

(4) 按加工部位划分。即以完成相同型面的那部分工艺过程为一道工序，对于加工表面多而复杂的零件，可按其结构特点(如内形、外形、曲面和平面等)划分成多道工序。

3. 加工顺序的安排

在选定加工方法、划分工序后，工艺路线拟定的主要内容就是合理安排这些加工方法和加工工序的顺序。零件的加工工序通常包括切削加工工序、热处理工序和辅助工序(包括表面处理、清洗和检验等)，这些工序的顺序直接影响到零件的加工质量、生产效率和加工成本。因此，在拟订工艺路线时，应合理安排切削加工、热处理和辅助工序之间的顺序。

1) 基准的概念及其分类

基准是零件上用以确定其他点、线、面位置所依据的那些点、线、面。它往往是计算、测量或标注尺寸的起点。根据基准功用的不同，它可以分为设计基准和工艺基准两大类。

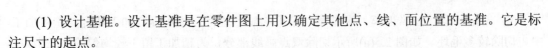

(1) 设计基准。设计基准是在零件图上用以确定其他点、线、面位置的基准。它是标注尺寸的起点。

如图 2.4(a)所示的零件，平面 2、3 的设计基准均是平面 1，平面 5、6 的设计基准均是平面 4，孔 7 的设计基准是平面 1 和平面 4，而孔 8 的设计基准是孔 7 的中心和平面 4。如图 2.4(b)所示定位套的各圆柱表面的设计基准均是孔的中心线。

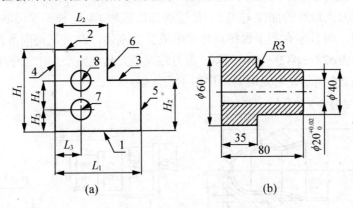

图 2.4　设计基准分析

(2) 工艺基准。在零件加工、测量和装配过程中所使用的基准，称为工艺基准。按用途不同又可分为定位基准、工序基准、测量基准和装配基准。

① 定位基准。在加工时，用以确定零件在机床夹具中的正确位置所采用的基准，称为定位基准。它是工件上与夹具定位元件直接接触的点、线或面。如图 2.4(a)所示零件，加工平面 3 和 6 时是将平面 1 和 4 与夹具的定位面接触来定位的，所以，平面 1 和 4 是加工平面 3 和 6 的定位基准。

根据工件上定位基准的表面状态不同，定位基准又分为精基准和粗基准。精基准是指已经过机械加工的定位基准，而没有经过机械加工的定位基准则为粗基准。

② 工序基准。在工艺文件上用以标定被加工表面位置的基准，称为工序基准。如图 2.4(a)所示零件，加工平面 3 时按尺寸 H_2 进行加工，则平面 1 即为工序基准，加工尺寸 H_2 称为工序尺寸。

③ 测量基准。在零件检验时，用以测量已加工表面尺寸及位置的基准，称为测量基准。

④ 装配基准。装配时用以确定零件在机器中位置的基准，称为装配基准。

【特别提示】

作为基准的点、线、面在工件上并不一定具体存在。例如，轴心线、对称平面等，它们是由某些具体存在的表面来体现的，用以体现基准的表面称为基面。如图 2.4(b)中定位套的轴心线是通过内孔表面来体现的，内孔表面就是基面。

2) 切削加工工序的安排原则

(1) 基面先行。用作精基准的表面，应首先加工出来。因为定位基准的表面精度越高，定位误差就越小，加工精度就越高。因此，第一道工序一般为定位面的粗加工和半精加工，然后再以精基准定位加工其他表面。例如，加工轴类零件时，总是先加工中心孔，再以中心孔为精基准加工外圆表面和端面。

(2) 先粗后精。按照粗车、半精车、精车的顺序进行，逐步提高加工精度。在粗加工中先切除较多毛坯。如图 2.5(a)所示切除双点画线部分，为精加工留下较均匀的加工余量；当粗车后所留的余量的均匀性不满足精加工的要求时，则需安排半精车。一般精车要按图样尺寸一刀切出零件轮廓，并要保证精度要求。

(3) 先近后远。这里所说的远和近是按照加工部位相对于对刀点的距离远近而言的。先近后远即离对刀点最近的部位先加工，最远的部位后加工。这样不仅可以缩短走刀路线，减少空行程时间，而且还有利于保持坯件或半成品的刚性，改善其切削条件。如图 2.5(b)所示加工顺序应为$\phi 28 \rightarrow \phi 32 \rightarrow \phi 36 \rightarrow \phi 40$。走刀路线是刀具在整个加工工序中相对于工件的运动轨迹，如图 2.5 所示，它是编写程序的主要依据。

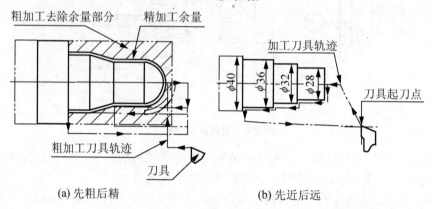

(a) 先粗后精　　　　　　　　　　　(b) 先近后远

图 2.5　工序的安排原则

(4) 内外交叉。对既有内表面(内型腔)又有外表面需要加工的零件，安排加工顺序时应先进行内、外表面粗加工，后进行内、外表面精加工。切不可将零件上的一部分表面(外表面或内表面)加工完毕后，再加工其他表面(内表面或外表面)。

对于某些特殊情况，可根据经验采取不同的加工方案。

3) 热处理工序的安排

在切削加工过程中，通常安排一些热处理工序，以提高材料的力学性能、改善材料的切削加工性和消除工件的内应力。热处理方法有退火、正火、调质、淬火、时效、渗碳和氮化等。按照功用可分为：

(1) 预备热处理。目的是消除毛坯制造时的残余应力，改善材料的切削加工性能。一般安排在机械加工之前，常用的方法有退火、正火等。

(2) 消除残余应力热处理。目的是消除机械加工过程中产生的残余应力，减小变形，提高精度。一般安排在粗加工之后、精加工之前。对精度要求不高的零件，一般在毛坯进入机加工车间之前，进行消除残余应力的人工时效和退火安排；对精度要求较高的复杂铸件，在机加工过程中通常安排两次时效处理：铸造—粗加工—时效—半精加工—时效—精加工；对高精度零件，如精密丝杠、精密主轴等，应安排多次消除残余应力热处理，甚至采用冰冷处理以稳定尺寸。

(3) 最终热处理。目的是提高零件的强度、表面硬度和耐磨性，常安排在精加工工序(磨削加工)之前。常用的方法有调质、淬火、渗碳、渗氮和碳氮共渗等。

零件的制造过程中还包含一些辅助工序，主要包括检验、去毛刺、清洗、防锈和平衡等。

4) 数控加工工序与普通工序的衔接

数控工序前后一般都穿插有其他普通工序，如衔接不好就容易产生矛盾，使加工无法顺利进行。最好的办法是建立工序间的相互状态要求，如是否为后道工序留加工余量，留多少；定位面与孔的精度要求及形位公差等；对前道工序的技术要求；对毛坯的热处理要求等，都需要统筹兼顾。

2.1.3　数控加工工艺设计

在数控机床上加工零件时，要把被加工的全部工艺过程、工艺参数等编制成程序，整个加工过程是自动进行的，因此制定零件的机械加工工艺规程之前，要对零件进行详细的工艺分析。主要包括以下几个方面。

1. 数控加工方案的确定

确定数控加工方案是指选择适合数控加工的零件、确定数控加工的内容和选用合适的数控机床及数控系统。

2. 定位基准与夹紧方案的确定

1) 定位基准的选择

定位基准的选择不仅会影响工件的加工精度，而且对同一个被加工表面选用不同的定位基准，其工艺路线也可能不同，所以选择工件的定位基准是十分重要的。机械加工的最初工序只能用工件毛坯上未经加工的表面做定位基准，这种定位基准称为粗基准。用已经加工过的表面做定位基准则称为精基准。在制定零件机械加工工艺规程时，总是先考虑选择怎样的精基准定位把工件加工到设计要求，然后考虑选择什么样的粗基准定位，把用作精基准的表面加工出来。

(1) 精基准的选择原则。选择精基准时，主要应考虑保证加工精度和工件安装方便可靠。其选择原则如下。

① 基准重合原则。即选用设计基准作为定位基准，以避免定位基准与设计基准不重合而引起的基准不重合误差。

② 基准统一原则。应采用同一组基准定位加工零件上尽可能多的表面，这就是基准统一原则。这样做可以简化工艺规程的制订工作，减少夹具设计、制造工作量和成本，缩短生产准备周期；由于减少了基准转换，便于保证各加工表面的相互位置精度。

③ 所选精基准应保证工件安装可靠，夹具设计简单、操作方便。

(2) 粗基准选择原则。选择粗基准时，主要要求保证各加工面有足够的余量，并注意尽快获得精基准面。在具体选择粗基准时应考虑下列原则。

① 如果主要要求保证工件上某重要表面的加工余量均匀，则应选该表面为粗基准。

② 若主要要求保证加工面与不加工面间的位置要求，则应选不加工面为粗基准。

③ 作为粗基准的表面，应尽量平整光洁，有一定面积，以使工件定位可靠、夹紧方便。

④ 粗基准在同一尺寸方向上只能使用一次。因为毛坯面粗糙且精度低，重复使用将产

生较大的误差。

实际上，无论精基准还是粗基准的选择，上述原则都不可能同时满足，有时还是互相矛盾的。因此，在选择时应根据具体情况进行分析，权衡利弊，保证其主要的要求。

在基准选择方面，除要尽量遵循上述原则外，还应考虑数控编程与数控加工的特点。因此，在数控加工中选择基准还应注意以下几点。

① 力求使设计基准、工艺基准与编程原点统一，以减少基准不重合误差和数控编程中的计算工作量。

② 尽量减少装夹次数，尽可能做到一次定位装夹后能加工出工件上全部或大部分待加工表面，以减少装夹误差，提高加工表面之间的相互位置精度，充分发挥数控机床的效率。

③ 避免采用占机人工调整式方案，以免占机时间太长，影响加工效率。

2) 夹紧方案的确定

加工前，工件在夹具的定位元件上获得正确位置之后，还必须将工件夹紧，以保证工件在加工过程中不致因受到切削力、惯性力、离心力或重力等外力作用而产生位置偏移和振动，并保持已由定位元件所确定的加工位置。工件的夹紧是由夹具的夹紧装置实现的，由此可见夹紧装置在夹具中占有重要地位。

(1) 对夹紧装置的要求。

① 在夹紧过程中应能保持工件在定位时已获得的正确位置。

② 夹紧应适当和可靠。夹紧机构一般要有自锁作用，保证在加工过程中工件不会产生松动或振动。在夹压工件时，不许工件产生不适当的变形和表面损伤。

③ 夹紧装置应操作方便、安全省力，以便减轻劳动强度，缩短辅助时间，提高生产效率。

(2) 夹紧力作用点的选择。夹紧力作用点是指夹紧装置与工件接触的一小块面积。选择作用点是指在夹紧方向已定的情况下确定夹紧力作用点的位置和数目。合理选择夹紧力作用点必须注意以下几点。

① 夹紧力作用点应落在工件刚度较好的部位上。

② 夹紧力作用点应尽可能靠近被加工表面以减小切削力对工件造成的翻转力矩。必要时，应在工件刚性差的部位增加辅助支承并施加夹紧力，以免振动和变形。

③ 夹紧力大小要适当，过大了会使工件变形，过小了则在加工时工件会松动造成报废甚至发生事故。

3. 工艺装备的选择

1) 夹具的选择

数控车床夹具分为通用夹具和专用夹具两类。选择夹具时为了降低成本，应尽量选用通用夹具。数控车床通用夹具包括以下内容。

(1) 圆周定位夹具。

① 三爪自定心卡盘(三爪卡盘)。图 2.6 所示的三爪自定心卡盘是车床常用定位夹具，可以自动定心、夹持范围大；但定心精度存在误差(定心误差在 0.05mm 以内)，不适于同轴度要求高的工件的二次装夹。用三爪自定心卡盘装夹精加工过的表面时，应包一层铜皮，以免夹伤工件表面。

② 软爪。由于三爪自定心卡盘定心精度不高，成批加工同轴度要求高的工件在二次装夹时，常常使用软爪，如图 2.7 所示。

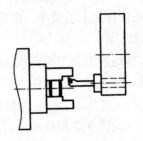

图 2.6　三爪自定心卡盘示意图　　　图 2.7　加工软爪

软爪是在使用前配合被加工工件特别制造的。它要在与使用时相同的夹紧状态下加工，以免在加工过程中松动和由于反向间隙而引起定心误差。加工软爪内定位表面时，要在软爪尾部夹紧一块适当的棒料，以消除卡盘端面螺纹的间隙。

③ 四爪单动卡盘(四爪卡盘)。四爪单动卡盘如图 2.8 所示，有 4 个对称分布的卡爪，各自独立运动，可以调整工件夹持部位在主轴上的位置，使工件加工面的回转中心与车床主轴的回转中心重合。四爪单动卡盘夹紧力大，但找正比较费时，加工大型或形状不规则的工件时，可以用四爪单动卡盘装夹。

④ 弹簧夹套。弹簧夹套定心精度高，装夹工件快捷方便，常用于精加工外圆表面的定位。弹簧夹套夹持工件的内孔是标准系列，并非任意直径。

⑤ 花盘。可用于装夹加工表面的回转轴线与基准面垂直、外形复杂的零件，如双孔连杆的装夹，如图 2.9 所示。

加工表面的回转轴线与基准面平行、外形复杂的工件可以装夹在角铁上加工，图 2.10 所示为角铁的安装方法。

图 2.8　四爪单动卡盘　　图 2.9　在花盘上装夹双孔连杆　　图 2.10　角铁的安装方法

(2) 中心定位夹具(顶尖)。顶尖定位的优点是定心准确可靠、安全方便，适用于长度尺寸较大或加工工序较多的轴类工件的精加工。顶尖的作用是定心、承受工件的重量和切削力。

由于数控加工的特点，对夹具提出了两个基本要求：一是保证夹具的坐标方向与机床的坐标方向相对固定；二是要能协调零件与机床坐标系的尺寸。同时，还要考虑以下几点。

① 单件小批量生产时，优先选用组合夹具、可调夹具和其他通用夹具，以缩短生产准备时间和节省生产费用。

② 在成批生产时才考虑采用专用夹具，并力求结构简单。

③ 零件的装卸要快速、方便、可靠，以缩短机床的停顿时间。

④ 夹具上各零部件应不妨碍机床对零件各表面的加工,即夹具要敞开,其定位、夹紧机构元件不能影响加工中的走刀(如产生碰撞等)。

⑤ 为提高数控加工的效率,批量较大的零件加工可以采用多工位、气动或液压夹具。

2) 刀具的选择

刀具的选择是数控加工工艺设计的重要内容之一。数控加工对刀具的要求较普通机床高,不仅要满足刚性好、切削性能好、耐用度高,且要安装调整方便。根据车刀与刀体的连接固定方式,主要分为焊接式与机夹可转位式两大类。

一般情况下应优先选用标准刀具(特别是硬质合金可转位刀具),必要时也可采用各种高生产率的复合刀具及其他一些专用刀具。对于硬度大的难加工工件,可选用整体硬质合金、陶瓷刀具、CBN 刀具等。刀具的类型、规格和精度等级应符合加工要求。

常用数控车刀的种类和用途如表 2-7 所示。

表 2-7 常用数控车刀的种类和用途

	外圆右偏粗车刀	外圆右偏精车刀	45°端面车刀	外圆切槽刀	外圆螺纹车刀
机夹可转位车刀					
	中心钻	麻花钻	粗镗孔车刀	精镗孔车刀	
孔车刀					

机夹可转位车刀的选择。数控车床一般使用标准的机夹可转位车刀。其主要目的是为了减少换刀时间和对刀方便,便于实现标准化。

刀片是机夹可转位车刀的重要组成元件。在选择刀片时,要结合工件材料、加工要求及机床设备等情况,刀片规格选择的方法如下。

(1) 刀片材料。包括高速钢、硬质合金、涂层硬质合金、陶瓷、立方氮化硼和金刚石等,其中常用的是硬质合金和涂层硬质合金刀片。

(2) 刀片尺寸。刀片尺寸的大小取决于必要的有效切削刃长度 L,有效切削刃长度与背吃刀量和车刀的主偏角有关,使用时可查阅有关刀具手册选取。

(3) 刀片形状。根据工件的表面形状、切削方法、刀具寿命和刀片的转位次数等因素选择。常用车刀刀片形状如图 2.11 所示。

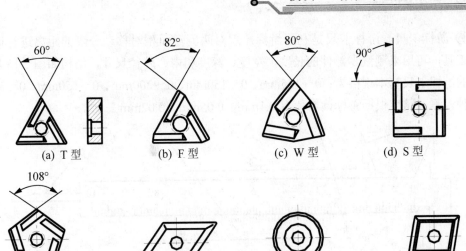

图 2.11　常用车刀刀片形状

3) 量具的选择

单件小批生产采用通用量具,如游标卡尺、千分尺、千分表等;大批大量生产中应采用各种量规、量仪和一些高生产率的专用检具等。量具精度必须与加工精度相适应。

(1) 常用量具的介绍。

① 钢直尺。钢直尺是一种测量精度较低的测量工具,适于测量、检验毛坯外形尺寸以及形状简单、精度较低的一般零件的结构尺寸。

使用钢直尺时,应以左端的零刻度线为测量基准,这样不仅便于找正测量基准,而且便于读数。测量时,尺要放正,不得前后左右歪斜,否则从直尺上读出的数据会比被测的实际尺寸大,如图 2.12 所示。

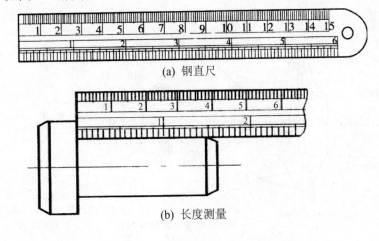

图 2.12　钢直尺及使用方法

② 游标卡尺。游标卡尺是利用游标原理对两测量面相对移动分隔的距离进行读数的测量工具，可用来测量零部件的长度、宽度、深度和内、外径尺寸，结构如图 2.13 所示。常用的游标卡尺基本规格为：0～125mm、0～150mm、0～200mm、0～250mm、0～300mm 等几种，测量精度根据游标读数值有 0.1mm、0.05mm、0.02mm 三种。

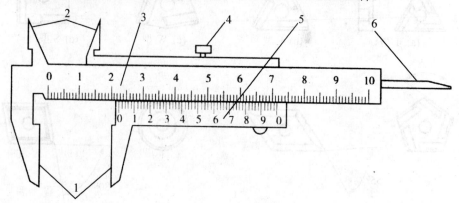

图 2.13 游标卡尺

1—外量爪；2—内量爪；3—主尺；4—紧固螺钉；5—游标；6—深度尺

a. 游标卡尺种类。常用游标卡尺种类有三种，即三用游标卡尺、双面量爪游标卡尺和单面量爪游标卡尺，如图 2.14 所示。

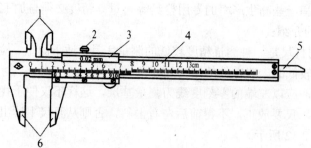

(a) 三用游标卡尺

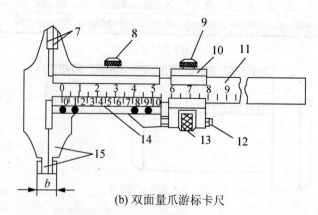

(b) 双面量爪游标卡尺

图 2.14 游标卡尺

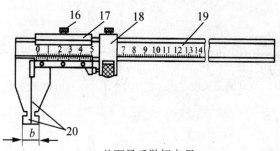

(c) 单面量爪游标卡尺

图 2.14　游标卡尺(续)

1，6，7，15，20—量爪；2—紧固螺钉；3，14，17—游标；4，11，19—尺身；5—深度尺；8，16—游标紧固螺钉；9—微动游框紧固螺钉；10，18—微动游框；12—螺杆；13—螺母

b. 其他游标卡尺。其他游标卡尺有深度游标卡尺、带数字显示装置的游标卡尺、带指示表的游标卡尺，如图 2.15 所示。

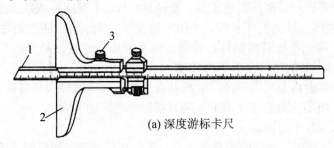

(a) 深度游标卡尺

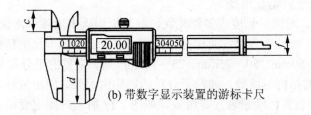

(b) 带数字显示装置的游标卡尺

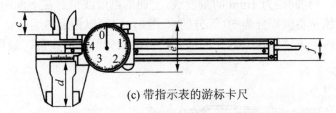

(c) 带指示表的游标卡尺

图 2.15　其他种类的游标卡尺

1—尺身；2—尺框；3—紧固螺钉

c. 游标卡尺的使用方法。测量外尺寸时，应先把量爪张开得比被测尺寸稍大；测量内尺寸时，把量爪张开得比被测尺寸略小，然后慢慢推或拉动游标，使量爪轻轻接触被测件表面；测量深度时，游标卡尺要摆正，不要前后左右倾斜，如图 2.16 所示。

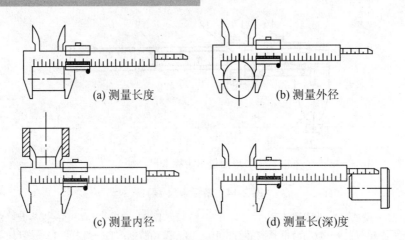

(a) 测量长度　　　　　　　(b) 测量外径

(c) 测量内径　　　　　　(d) 测量长(深)度

图 2.16　游标卡尺的测量方法

d．游标卡尺使用的注意事项如下：

(a) 游标卡尺是比较精密的测量工具，要轻拿轻放，不得碰撞或跌落地下。使用时不要用来测量粗糙的物体，以免损坏卡爪。不用时应置于干燥地方，防止锈蚀。

(b) 测量时，应先拧松紧固螺钉，移动游标不能用力过猛。两卡爪与待测物的接触不宜过紧。不能使被夹紧的物体在卡爪内挪动。

(c) 测量前应将游标卡尺擦干净，卡爪贴合后游标的零线应和尺身的零线对齐。

(d) 测量时，所用的测力应使两卡爪刚好接触零件表面为宜。

(e) 读数时，卡尺不得歪斜。

(f) 在游标上读数时，视线应与尺面垂直，避免视线误差。如需固定读数，可用紧固螺钉将游标固定在尺身上，防止滑动。

(g) 实际测量时，对同一长度应多测几次，取其平均值来消除偶然误差。

③ 外径千分尺。外径千分尺常简称为千分尺，它是比游标卡尺更精密的测量仪器。量程有 0～25mm、25～50mm、50～75mm、75～100mm 等，常见的千分尺分度值为 0.01mm。

a．外径千分尺的结构与读数。外径千分尺的结构由尺架、固定量杆、固定套筒、测微螺杆、微分筒、测力装置、锁紧装置等组成，如图 2.17 所示。固定套筒上有一条水平线，这条线上、下各有一列间距为 1mm 的刻度线，上面的刻度线恰好在下面两相邻刻度线中间。微分筒上的刻度线是将圆周分为 50 等分的水平线，它可以做旋转运动。

千分尺读数时，先读固定套筒上的读数，再读微分筒上的读数，最后将两者相加，如图 2.18 所示。

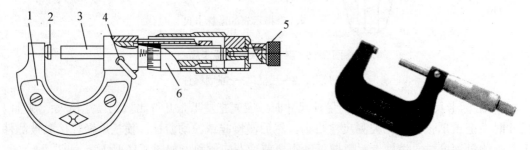

图 2.17　外径千分尺结构与实物照片

1—尺架；2—固定量杆；3—测微螺杆；4—锁紧装置；5—测力装置；6—微分筒

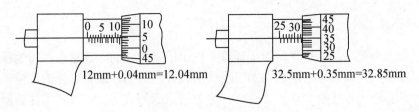

12mm+0.04mm=12.04mm　　32.5mm+0.35mm=32.85mm

图 2.18　外径千分尺的读数

b. 用千分尺测量工件的步骤如下：

(a) 清除被测工件表面油污和千分尺固定量杆与测微螺杆接触面的油污。

(b) 松开千分尺的锁紧装置，转动旋钮，使固定量杆与测微螺杆之间的距离略大于被测物体。

(c) 一只手拿千分尺的尺架，将待测物置于固定量杆与测微螺杆的端面之间，另一只手转动旋钮，当螺杆要接近物体时，改旋测力装置直至听到喀喀声。千分尺的正确测量姿势如图 2.19 所示。

(d) 旋紧锁紧装置(防止移动千分尺时螺杆转动)，即可读数。

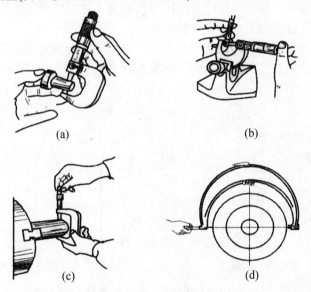

(a)　　　　(b)

(c)　　　　(d)

图 2.19　千分尺的使用方法

c. 千分尺使用的注意事项如下：

(a) 测量前，转动千分尺的测力装置，使两测量面靠合，并检查是否密合；同时看微分筒与固定套筒的零线是否对齐，如有偏差应调整固定套筒，使其调零。

(b) 测量时，用手转动测力装置，控制测力，不允许用冲力转动微分筒。千分尺测微螺杆的轴线应与零件表面垂直。

(c) 读数时，最好不取下千分尺进行读数。如需要取下后读数，应先锁紧其测微螺杆，然后轻轻取下千分尺，防止尺寸变动。读数时要看清刻度，不要错读 0.5mm。

(d) 绝不允许旋转活动套筒来夹紧被测量面，以免损坏千分尺。

(e) 注意测量杆与被测尺寸方向一致，不可歪斜。

(f) 用后应及时擦干净，放入盒内，以免与其他物件碰撞而受损，影响精度。

4. 正确选择工件原点

工件坐标系是编写加工程序时用于计算工件上的坐标点的,其原点称为编程原点。该点的位置由编程人员设定,一般选在加工表面的设计基准上,或者工件的定位基准上,以方便尺寸计算,避免尺寸换算误差。有时,为方便原点的测定,也可将工件的原点选在夹具的找正面上。

加工时,工件随夹具在机床上安装后,测量工件原点与机床原点之间的距离,称为工件原点的偏置,如图 2.20 所示。加工前将原点的偏置输入到数控系统当中(即预置坐标原点偏置量)。加工中,加工程序中的原点偏置指令(如 G54)使数控系统自动将原点偏置量加到工件坐标系上,即将工件坐标原点平移到机床原点上,也就是把工件坐标系中刀具的运动转移到机床坐标系中,所以加工程序按工件坐标系编制。加工时,利用原点的偏置功能,可以保证机床正确执行加工程序。

5. 确定机床的对刀点和换刀点

数控加工前,必须通过对刀来建立机床坐标系和工件坐标系之间的位置关系。所谓对刀,即使"刀位点"与"对刀点"重合的过程。

刀具在机床上的位置由刀位点的位置表示。刀位点是指刀具的定位基准点。不同的刀具,刀位点不同,车刀刀位点为其刀尖,如图 2.21 所示。

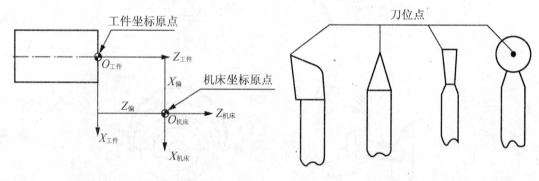

图 2.20　坐标原点的偏置　　　　　　　图 2.21　刀位点

对刀点选定后,即确定了机床坐标系和零件坐标系之间的相互位置关系。

对刀精度的高低直接影响零件的加工精度。目前,数控机床可以采用人工对刀,对操作者的技术要求较高;也可以采用高精度的对刀仪进行对刀,保证对刀精度。

为提高零件的加工精度,减少对刀误差,对刀点选择的原则如下:

(1) 尽量选在零件的设计基准或工艺基准上。

(2) 在机床上选择对刀方便、便于观察和检测的位置。

(3) 为了便于坐标值的计算,尽量选在坐标系的原点上。

例如,对车削加工,通常将对刀点设在工件右端面的中心上,在图 2.20 中,轴的右端面的轴线上,即工件坐标系的原点处。

在数控车削加工过程中需要进行换刀,故编程时应考虑不同工序之间的换刀位置(即换刀点)。为避免换刀时刀具与工件及夹具发生干涉,换刀点应设在工件的外部,并远离工件。

6. 选择合理的走刀路线

走刀路线是指数控加工过程中，刀具(刀位点)相对于被加工工件的运动轨迹。它既包括了工步的内容，也反映出工步顺序。它是刀具从起刀点开始运动，直至返回该点并结束加工程序所经过的路线，包括切削加工路线和刀具引入、返回等非切削路线。走刀路线是编写程序的重要依据之一。

数控加工中，精加工的走刀路线基本上是沿零件轮廓顺序进行的，因此，走刀路线实际上指的是粗加工时的走刀路线。主要考虑以下几个原则：

(1) 保证被加工工件的精度和表面质量。

(2) 尽量缩短走刀路线，以减少空行程时间。

(3) 最终轮廓应安排最后一次走刀连续加工。

(4) 尽量简化数学处理时的计算工作量。

7. 切削用量的选择

切削用量包括背吃刀量(切削深度)a_p、进给量 f、切削速度 v。合理选择切削用量可以在保证加工质量和刀具耐用度的前提下，使切削时间最短，生产率最高，成本最低。不同的加工要求和加工条件，选用的切削用量不同。

1) 数控车削切削用量的选择原则

粗车时，应保证生产效率。首先选择一个大的背吃刀量 a_p；其次选择一个较大的进给量 f；最后根据刀具耐用度，确定一个合理的切削速度 v。增大背吃刀量，可以减少进给次数，提高切削效率；增大进给量有利于断屑。

精车时，应保证工件精度和表面粗糙度要求。首先选用较小的背吃刀量和进给量 f，然后根据刀具耐用度的要求，计算并选用较高的切削速度 v。

切削用量的选择应在机床说明书给定的允许范围内选择，同时考虑机床工艺系统的刚性和机床功率的大小。

2) 常用车削用量的选择方法

(1) 背吃刀量 a_p 的选择。背吃刀量应根据加工余量而定。粗加工时，在保证后续工序加工余量的前提下，尽可能一次去除全部余量。若余量过大且不均匀、工艺系统刚性不足时，分几次进给，背吃刀量随进给次数逐渐减少。一般情况下，粗加工背吃刀量可取 2.5～3mm，半精加工可取 0.5～1.5mm，精加工取 0.1～0.25mm。

(2) 进给量 f 的选择。进给量主要根据工件的精度和表面粗糙度要求以及刀具和工件的材料等因素，参考切削用量手册选用。粗加工时，在保证刀杆、刀具、机床、工件刚度等条件前提下，选用尽可能大的进给量；精加工、切断或加工深孔时，应选择较低的进给量，当加工精度、表面粗糙度要求较高时，进给量应选择得更小一些。

(3) 切削速度 v 的确定。根据已选定的背吃刀量、进给量及刀具寿命选择切削速度。在保证刀具耐用度及切削负荷不超过机床额定功率的情况下选定切削速度。粗车时，背吃刀量和进给量均较大，故选较低的切削速度；精车时，则选较高的切削速度。

由切削速度 v 计算主轴转速的公式为

$$n = \frac{1000v}{\pi d} \qquad (2-1)$$

式中，d——工件直径，mm；

$\quad\quad v$——切削速度，m/min。

数控车床加工螺纹时，车床的主轴转速受螺纹螺距大小，驱动电动机的升、降频特性及螺纹插补运算速度等多种因素的影响，故对于不同的数控系统，车螺纹时推荐使用不同的主轴转速范围。大多数经济型数控车床的数控系统推荐车螺纹时的主轴转速 n 为

$$n \leqslant \frac{1200}{p} - k \qquad (2-2)$$

式中，p——工件的螺距，mm；

$\quad\quad k$——保险系数，一般取 80；

$\quad\quad n$——主轴转速，r/min。

切削用量的具体数值根据机床说明书，参考切削用量手册，并结合实际经验确定。

2.2 程序编制基础

任务目标	1. 了解程序编制的基本概念及格式与步骤 2. 掌握数控车削编程的基本知识 3. 了解数控车床的编程特点
内容提示	1. 程序编制的概念 2. 程序编制的格式及代码 3. 数控车床的编程特点

2.2.1 程序编制的概念

1. 数控程序编制的内容和方法

数控加工是按照事先编制好的零件加工程序，经机床数控系统处理后，使机床自动完成零件的加工。程序编制的质量直接影响数控机床的正确使用及数控加工特性的发挥，因此，使用数控机床加工零件时，程序编制是一项重要的工作。所谓数控编程就是根据零件图样要求的图形尺寸和技术要求，确定工件加工的工艺过程、工艺参数、机床运动及刀具等内容，并按照数控机床的编程格式及能识别的语言代码记录在程序单上的过程。

数控编程的主要内容包括分析零件图样、确定工艺过程和加工路线、计算刀具轨迹的坐标值、编写加工程序、程序输入数控系统、程序校验及首件试切等。

2. 程序编制的具体步骤与要求

(1) 分析零件图样。通过分析零件的材料、形状、尺寸、精度以及毛坯形状、热处理要求等，确定加工用的机床及零件的加工表面等，并对零件数控加工的适应性进行验证。

(2) 进行工艺分析。在分析零件图样的基础上，选择加工方案，确定加工顺序、加工路线、装夹方式、刀具及切削参数，正确选择对刀点、换刀点，减少换刀次数；并制定有

关的工艺文件，如数控加工工序卡、数控刀具卡、数控加工程序单等。

(3) 计算刀具轨迹的坐标值。根据零件图样和所确定的加工路线，计算零件粗、精加工各运动轨迹。当零件图样坐标系与编程坐标系不一致时，需要对坐标进行换算。对于形状比较简单的零件(直线和圆弧组成的零件)的轮廓加工，需要计算出几何元素的起点、终点、圆弧的圆心、两几何元素的交点或切点的坐标值。对于形状复杂的零件(如非圆曲线、曲面构成的零件轮廓)，需用小直线段或圆弧逼近，根据要求的精度计算出节点坐标值，自由曲线、曲面需用计算机自动编程。

(4) 编写加工程序。根据数控系统的工艺文件，按照指令代码及程序段格式，编写加工程序。

(5) 程序输入数控系统。手动输入程序或通过通信传输方式将程序传送至机床数控系统。

(6) 程序校验与首件试切。加工程序必须经过校验合格后才可使用，可在数控仿真系统上模拟加工过程；空运行，观察走刀路线是否正确；首件试切等。但前两种方式只能检验出运动是否正确，不能检验出被加工零件的加工精度。

程序编制过程如图 2.22 所示。

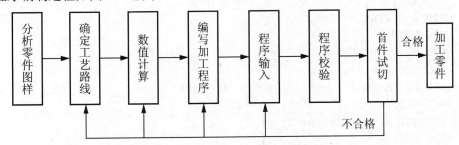

图 2.22　程序编制步骤

3. 程序编制的方法

数控编程分为手工编程和自动编程两种。

1) 手工编程

从分析零件图样、工艺分析、数值计算、编写程序、输入程序直至程序校验等步骤均由人工完成的编程方法称为手工编程。对于加工形状简单的零件，手工编程比较简单，程序不复杂，而且经济、省时。因此，在由直线与圆弧组成的轮廓加工中，手工编程仍广泛应用。

2) 自动编程

自动编程就是利用计算机及相应编程软件编制数控加工程序的过程。数控自动编程系统利用设计的结果和产生的模型，计算出刀具中心运动轨迹，再由后置处理程序自动编写出零件加工程序，并输出、制备出穿孔纸带或磁盘等控制介质，也可直接通过计算机通信程序，将零件加工程序传送到机床数控系统。编程人员不需要进行烦琐的计算，不需要手工编写程序单及制备控制介质，就能自动获得加工程序和控制介质。因此，编程效率可大幅度提高，同时也解决了手工编程无法解决的难题。常见软件有 CAXA 制造工程师、MasterCAM、UG、Pro/E、Solidwork、CATIA 等。

2.2.2 程序编制的格式及代码

1. 程序编制的格式

一个完整的程序由程序号、程序内容和程序结束 3 部分组成。

1) 程序号

在程序的开始部分，在数控装置存储器中通过程序号查找和调用程序，程序号由地址码和 4 位编号数字组成，在 FANUC 系统中一般地址码为字母 O，其他系统用 P 或%等。

2) 程序内容

程序内容主要用来使数控机床自动完成零件的加工，是整个程序的主要部分，它由若干程序段组成，每个程序段由若干程序字组成。每个字又由地址码和若干个数字组成。

3) 程序结束

程序结束一般用辅助功能代码 M02(程序结束)和 M30(程序结束，光标返回起点)等来表示。例如：

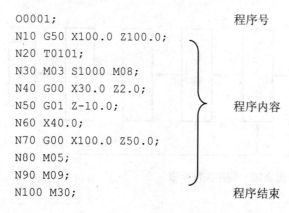

```
O0001;                          程序号
N10 G50 X100.0 Z100.0;
N20 T0101;
N30 M03 S1000 M08;
N40 G00 X30.0 Z2.0;
N50 G01 Z-10.0;                 程序内容
N60 X40.0;
N70 G00 X100.0 Z50.0;
N80 M05;
N90 M09;
N100 M30;                       程序结束
```

2. 字符与代码

1) 字符的含义

程序段号加上若干个程序字就可组成一个程序段。在程序段中的程序字由地址符和数字构成，其中表示地址的英文字母可以分为尺寸字地址和非尺寸字地址两种。数控车削加工中，表示尺寸字地址的英文字母有 X、Z、U、W、P、Q、I、K、A、C、D、E、R 共 13 个字母。

表示非尺寸字地址的有 N、G、F、S、T、M、L、O 共 8 个字母。其字母含义如表 2-8 所示。

表 2-8 地址字母表及其含义

地　　址	功　　能	释　　义
D	补偿号	刀具半径补偿指令
F	进给速度	进给速度指令
G	准备功能	指令动作方式
I	坐标字	圆弧中心 X 轴向坐标

续表

地　址	功　能	释　义
K	坐标字	圆弧中心 Z 轴向坐标
L	重复次数	子程序的重复次数
M	辅助功能	机床开/关指令等
N	顺序号	程序段顺序号
O	程序号	程序号、子程序号的指令
P		暂停
R	坐标字	圆弧半径的指定
S	主轴功能	主轴转速的指令
T	刀具功能	刀具编号的指令
U	坐标字	与 X 轴平行的附加轴的坐标值或暂停时间
W	坐标字	与 Z 轴平行的附加轴的坐标值
X	坐标字	X 轴的坐标值(直径值)或暂停时间
Z	坐标字	Z 轴的坐标值

2) 准备功能

准备功能又称 G 功能或 G 代码，由地址符 G 加两位数值构成该功能的指令。G 功能用来规定坐标平面、坐标系、刀具和工件的相对运动轨迹(即插补功能)、刀具补偿、单位选择、坐标偏置等多种操作。

G 代码有模态代码和非模态代码之分。模态代码表示该 G 代码在一个程序段中功能保持直到被取消或被同组的另一个 G 代码所代替。非模态代码只在有该代码的程序段中有效。

G 代码按其功能进行了分组，不同组的 G 指令可放在同一程序段中，在同一程序段中有多个同组的 G 代码时，以最后一个 G 代码为准。

不同的数控系统 G 代码含义有所不同，表 2-9 是 FANUC 数控系统常用的 G 代码。

表 2-9　FANUC 数控系统常用的 G 代码及其功能

指令代码	用于数控车床的功能	组　别	模　态
G00	快速点定位	01	*
G01	直线插补	01	*
G02	顺时针圆弧插补	01	*
G03	逆时针圆弧插补	01	*
G04	进给暂停	00	
G20	英制输入	06	*
G21	公制输入	06	*
G27	检查参考点返回	00	
G28	自动返回参考点	00	
G29	从参考点返回	00	
G32	切螺纹	01	*
G40	刀尖半径补偿方式的取消	07	*
G41	调用刀尖半径左补偿	07	*
G42	调用刀尖半径右补偿	07	*
G50	工件坐标原点设置，最大主轴速度设置	00	

指令代码	用于数控车床的功能	组　别	模　态
G52	局部坐标系设置	00	
G53	机床坐标系设置	00	
G54	第一工件坐标系设置	14	*
G55	第二工件坐标系设置	14	*
G56	第三工件坐标系设置	14	*
G57	第四工件坐标系设置	14	*
G58	第五工件坐标系设置	14	*
G59	第六工件坐标系设置	14	*
G70	精加工循环	00	
G71	外径、内径粗车循环	00	
G72	端面粗加工循环	00	
G73	固定形状粗车循环	00	
G74	Z向步进钻孔	00	
G75	X向切槽	00	
G76	螺纹车削多次循环	00	
G80	取消固定循环	10	*
G83	端面钻孔循环	10	*
G84	端面攻螺纹循环	10	*
G86	端面镗孔循环	10	*
G90	单一固定循环	01	*
G92	螺纹切削循环	01	
G94	端面切削循环	01	*
G96	恒表面速度设置	02	*
G97	恒表面速度设置取消	02	*
G98	每分进给(mm/min)	05	*
G99	每转进给(mm/r)	05	*

注：带"*"表示为模态代码。

3) 辅助功能

辅助功能也称 M 功能，是指令机床做一些辅助动作的代码，如主轴的旋转与停止、切削液的开与关等。

不同的数控系统 M 代码的含义也是有差别的，表 2-10 是 FANUC 数控系统常用的 M 代码。

表 2-10　FANUC 数控系统常用的 M 代码

指令代码	用于数控车床的功能	模　态
M00	程序停止	
M01	程序选择停止	
M02	程序结束	
M03	主轴顺时针旋转	*
M04	主轴逆时针旋转	*
M05	主轴停止	*

续表

指令代码	用于数控车床的功能	模　态
M07	气状切削液打开	
M08	液状切削液打开	*
M09	切削液关闭	*
M30	程序结束并返回	
M98	子程序调用	*
M99	子程序调用停止返回	*

4）F、S、T 功能

(1) 进给功能 (F 功能)。F 指令用于指令设定刀具相对于工件的进给速度, 由地址码 F 和后面若干位数字构成。它为模态代码, 有两种表示方法。

① 每分进给：进给速度由每分刀具移动的距离设定, 单位是 mm／min 。

指令格式：

    G98 F_;

例如：G98 F200 表示进给量为 200 mm／min 。

② 每转进给：进给速度由主轴每转一转刀具移动的距离设定, 单位是 mm／r 。

指令格式：

    G99 F_;

例如：G99 F0.2 表示进给量为 0.2 mm／r 。

在编程中一个程序段只可使用一个 F 代码, 不同程序段可根据需要改变进给量。数控车床一般采用 G99 指令设定进给速度。

(2) 主轴功能(S 功能)。S 指令用于表示机床主轴的转速, 由地址字 S 与后续数字构成, 为模态代码。如 n=500 r／min , 其指令表示为 S500 。一个程序段只可以使用一个 S 代码, 不同程序段, 可根据需要改变主轴转速。

(3) 刀具功能(T 功能)。车削加工中要对各种表面进行加工, 又有粗、精加工之分, 需要选择各种刀具, 每把刀都有特定的刀具号, 以便数控系统识别, 如图 2.23 所示。

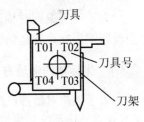

图 2.23

T 功能由地址码 T 和若干位数字组成, 数字用来表示刀具号和刀具补偿号, 数字的位数由系统决定。FANUC 系统中由 T 和 4 位数字组成, 前两位表示刀具号, 后两位表示刀具补偿号。例如, T0202, 前 02 表示 2 刀具号, 后 02 表示刀具补偿号。

3. 程序段格式

程序段格式是指令字在程序段中排列的顺序, 是指一个程序段中的字、字符和数据的书写规则, 常用的是字地址可编程序段格式。它由语句号字、数据字和程序段结束符组成。该格式的特点是对一个程序段中的字排列顺序要求不严格, 数据的位数可多可少, 与上一程序段相同的字可以不写。字地址码可编程序段格式如下：

    N_ G_ X_ Z_ F_ S_ T_ M_;

需要说明的是，数控机床的指令格式在国际上有多种标准格式，并不完全一致。随着数控机床的发展，不断改进和创新，其系统功能更加强大，使用更加方便，在不同数控系统之间，程序格式存在一定的差异。因此，在具体掌握某一数控机床时要仔细了解其数控系统的编程格式。

2.2.3 数控车床的编程特点

(1) 在一个程序段中，可以采用绝对值编程、增量值编程或两者混合编程。

(2) 由于被加工零件的径向尺寸在图样上和测量时都是以直径值表示的，所以大多数数控车削系统采用直径编程。用绝对值编程时，X 以直径值表示；用增量值编程时，以径向实际位移量的两倍值表示，并附方向符号(正向可以省略)。

(3) 为简化程序，数控车床系统中有各种固定循环功能可完成外圆、端面、螺纹等循环粗车加工。

(4) 数控车床具有刀具补偿功能，可以对刀具尺寸及位置变化、刀具几何形状变化、刀尖圆弧半径变化，自动进行补偿。只要将刀具变化的相关尺寸输入存储器中并在程序中运用相关指令即可。

2.3 数控机床坐标系

任务目标	1. 掌握数控机床坐标系的选择方法 2. 理解坐标系原点的概念 3. 掌握坐标表示方法 4. 学会 G90、G91、G50、G54～G59 等常用编程指令的用法
内容提示	1. 坐标轴的运动方向及其命名 2. 坐标系的原点及坐标表示法 3. 常用编程指令

为了便于编程时描述机床的运动，简化程序的编制方法及保证记录数据的互换性，数控机床的坐标系和运动方向均已标准化。

2.3.1 坐标轴的运动方向及其命名

为了规范对数控机床坐标和运动方向的描述，国家有关部委颁布了 GB/T 19660—2005《工业自动化系统与集成 机床数值控制坐标系和运动命名》标准，标准规定如下。

1. 两个假设

(1) 不论机床的具体机构是工件静止、刀具运动或是工件运动、刀具静止，在确定坐标系时一律假设是刀具相对静止的工件运动。

(2) 假设刀具远离工件的方向为坐标轴的正方向。

机床的直线运动 X、Y、Z，采用右手笛卡儿直角坐标系确定，如图 2.24 所示。通常取 Z 轴平行于机床主轴，X 轴水平且平行工件装夹面，$+Y$ 轴按右手定则判定；X、Y、Z 的正向是使工件尺寸增大的方向；机床的 3 个运动 A、B、C 的转轴分别平行于 X、Y、Z 坐标轴，取右旋螺纹前进方向为正向。

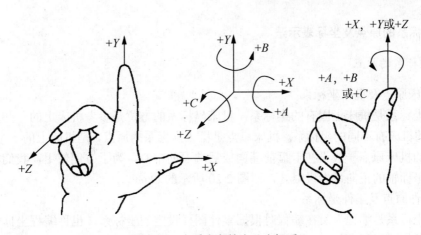

图 2.24　右手直角笛卡儿坐标系

2．确定机床坐标轴的步骤

一般先确定 Z 轴，然后再确定 X 轴和 Y 轴。

1) Z 轴的确定

对于主轴带动工件旋转的机床(如图 2.25 所示车床)，Z 轴与工件旋转轴平行，刀具远离工件的方向为 Z 轴的正方向。

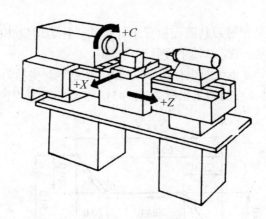

图 2.25　卧式车床

2) X 轴的确定

对于主轴带动工件旋转的机床(如车床、磨床)，在水平面内选定垂直于工件旋转轴线的方向为 X 轴，且刀具远离工件方向为 X 轴的正方向。

3) Y 轴的确定

Y 轴的方向可根据已选定 Z、X 轴按照右手笛卡儿坐标系确定(车床不考虑 Y 轴)。

卧式数控车床的车削加工中，车床主轴的纵向是 Z 轴，平行于横向运动方向为 X 轴，车刀远离工件的方向为正向，接近工件的方向为负向。

数控车削技术

2.3.2 坐标系的原点及坐标表示法

1. 坐标系的原点

1) 机床原点及机床坐标系

机床坐标系是机床上固有的坐标系，机床坐标系的方位是参考机床上的一些基准确定的。不同的机床有不同的坐标系。机床原点是机床坐标系的原点，是机床上的一个固有点，数控车床的机床原点一般设在卡盘前端面或后端面的中心，为了方便使用，我们将它的位置移到各坐标轴的正向最大极限处，即图 2.20 所示的 $O_{机床}$。

2) 工件原点及工件坐标系

工件坐标系是编程人员在编程时根据零件图样设定的坐标系，也称编程坐标系。数控编程时，首先要根据被加工工件的形状特点和尺寸，在图样上建立工件坐标系，使工件上所有的几何元素都有确定的位置。工件坐标系原点，简称为工件原点，也称编程零点，是由编程人员根据具体情况定义在工件上的几何基准点，常选用零件图上最重要的设计基准点，如图 2.20 所示的 $O_{工件}$。

2. 坐标表示法

坐标表示方法分为绝对坐标与增量(相对)坐标。

1) 绝对坐标系

数控加工程序中表示几何点的所有坐标值均从编程原点计量的坐标系，称为绝对坐标系。

2) 增量坐标系

坐标系中的坐标值是相对刀具前一位置来计算的，称为增量(相对)坐标系。增量坐标系常用 U、W 表示，分别与 X、Z 轴平行且同向。

例如，在图 2.26 中，A 点绝对坐标为(30，20)，B 点绝对坐标为(30，65)，C 点绝对坐标为(50，85)，B 点相对 A 点的增量坐标为(0，45)，C 点相对 B 点的增量坐标为(20，20)。

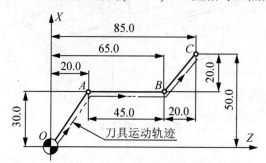

图 2.26 绝对坐标与增量坐标示意图

2.3.3 常用编程指令

1. 坐标指令

坐标指令表示运动轴的移动方式，分为绝对坐标与增量坐标指令。

1) 绝对坐标指令 G90

采用绝对坐标指令 G90 时，程序中的位移量用刀具运动的终点坐标表示。

指令格式：

```
G90 X__Z__;
```

说明：

(1) G90 编入程序时，其后所编入的程序的坐标值全部以工件原点为基准。

(2) 系统通电时，机床处在 G90 状态。

2) 相对坐标指令 G91

采用相对坐标指令 G91 时，用刀具运动的增量坐标表示。

指令格式：

```
G91 X__Z__;
```

说明：

G91 编入程序时，以后所有编入的坐标值均以前一个坐标位置作为起始点来计算运动的位置矢量。

例如，在图 2.26 中，指令刀具由 O 点起始，经 A、B 点运动到 C 点使用绝对坐标和增量坐标(相对坐标)编程，其坐标指令的方式如下列程序段所示。

绝对坐标编程：

```
G90 G00 X30.0 Z20.0;          刀具到达 A 点；
G00 X30.0 Z65.0;              刀具到达 B 点；
G00 X50.0 Z85.0;              刀具到达 C 点；
```

增量坐标编程：

```
G91 G00 X30.0 Z20.0;          刀具到达 A 点；
G00 X0.0 Z45.0;               刀具到达 B 点；
G00 X20.0 Z20.0;              刀具到达 C 点；
```

程序段中 G00 为运动指令。

坐标指令 G90/G91 在 FANUC 系统的数控车床中可省略，用坐标地址字 X、Z 表示绝对值编程，用 U、W 表示增量值编程。

```
G00 U30.0 W20.0;              刀具到达 A 点；
G00 U0.0 W45.0;               刀具到达 B 点；
G00 U20.0 W20.0;              刀具到达 C 点；
```

【特别提示】

编程中可根据图样尺寸的标注方式及加工精度要求，在一个程序段中可采用绝对坐标方式或相对坐标方式编程，也可采用二者混合编程。

2. 工件坐标系设定指令

在数控编程时，应预先确定工件坐标系。数控车床程序的编制，可通过 G50 设定当前工件坐标系，该坐标系在机床断电后自动消失。

指令格式：

```
G50 X__Z__;
```

说明：

(1) G50 设定工件坐标系，实际是确定刀具在执行程序加工前，刀具基准点相对工件坐标原点的位置，即加工前刀具应放置的位置，也称为起刀点。

(2) 机床执行该指令(G50 X__ Z__)无动作，只是将 G50 设定 X、Z 的坐标值读入寄存器中，并确认刀具当前点为程序的起刀点。系统以此计算确认工件编程坐标原点。由此可知，G50 设定工件坐标系总是与刀具的停放位置有关，是人为设定的，由操作者在工件安装后调整刀具刀位点决定。操作者调整刀具刀位点的过程称为对刀。

如图 2.27 所示，建立工件坐标系指令为：G50 X100. Z100；坐标系的原点即为工件右端面的中心 O 点。

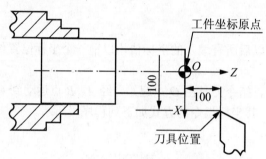

图 2.27　工件坐标系的建立

3. 预置工件坐标系指令

一般数控机床用 G54～G59 指令可以预先设定 6 个工件坐标系，这些坐标系存储在机床存储器内，在机床重新开机时仍然存在，在程序中可以分别选取其中之一使用。6 个坐标系均以机床原点为参考点，分别以各自与机床原点的偏移量表示，需要提前输入机床内部，具体操作方法，将在本模块 2.4 节中讲述。这里介绍指令格式及含义。

指令功能：预置工件坐标系

指令格式：

```
G54(G54～G59);
```

说明：

(1) G54(G54～G59)指令应写在程序名下的第一程序段中。使用 G54(G54～G59)指令无须指令坐标参数，系统执行 G54 指令只是将坐标系切换到 G54，并将与 G54(G54～G59)有关的内置参数调出，机床无动作。

(2) G54(G54～G59)指令功能是预置工件坐标系。在数控机床系统中为方便编程和加工，为用户预置了若干加工坐标系供用户选用。这种预置的坐标系的作用是将编程时设定的坐标系原点与机床坐标系建立联系，使工件的编程与加工原点总是与机床坐标系有关，而与刀具的停放位置无关。

(3) 使用 G54(G54～G59)编程设定的工件坐标原点，在工件安装后加工前要确定工件坐标原点相对于机床坐标原点的位置，即测量工件原点相对机床原点的 X、Z 的偏置值，这个测量过程称为 G54(G54～G59)坐标系对刀。并把测量出的 X、Z 的偏置值输入到机床预置坐标系 G54(G54～G59)相应的地址寄存器中。

G54 是预置工件坐标系，G54 原点只与机床参考点之间的距离有关，加工前应设法测量 X_p、Z_p 值，并输入到坐标系地址寄存器中，与刀具停放位置无关。如图 2.28 所示，Z_p、X_p 是机床参考点到工件对刀点(G54 坐标原点)的距离。

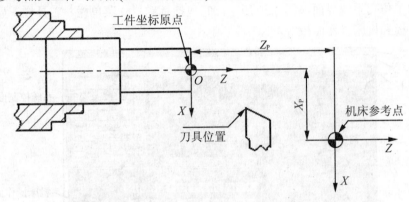

图 2.28　G54 预置工件坐标系

【特别提示】

G50 与 G54(G54～G59)指令的区别如下：

G50 指令设定的坐标系与机床坐标系无关，设定的坐标原点总是与加工前刀具停放的位置有关，与工件在机床工作台上的安放位置无关。

G54(G54～G59)指令设定的坐标系总是与机床坐标系有关，设定的坐标原点与加工前刀具停放的位置无关，而总是与工件在机床工作台上的安放位置有关。

G50 与 G54(G54～G59)指令确定坐标原点的含义如图 2.27 和图 2.28 所示。在图 2.27 中，设 G50 X100.0 Z100.0; 坐标含义是：坐标原点到刀具基准点的距离，坐标原点永远与刀具基准点的停放位置有关。

2.4　数控车床的基本操作

任务目标	1. 熟悉数控车床仿真系统的界面及基本操作 2. 能用仿真软件进行零件的模拟加工
内容提示	1. 数控加工仿真系统界面介绍 2. 数控加工仿真系统的基本操作 3. 数控车床仿真加工步骤与实例 4. 实训操作(二)　数控车床仿真系统界面认识及操作练习 5. 实训操作(三)　数控车床的结构与操作

数控机床的操作是数控加工技术的重要环节。目前，企业广泛采用 FANUC、SIEMENS 等系统的数控机床。现应用上海宇龙软件工程有限公司生产的数控加工仿真系统，以 FANUC 0i 数控车床操作系统为例，讲解 CNC 系统控制面板和机床操作面板的内容。

不同类型的数控车床，由于配置的数控系统不同，面板功能与布局也各不相同。因此，应根据具体设备，仔细阅读编程与操作说明书。这里以目前应用较广的 FANUC 0i 数控系统的 CK6140 型数控车床为例讲解，要求学生掌握以下操作方法：手动方式操作、手轮方式操作、MDI 方式操作、回零操作、急停操作等。

2.4.1 数控加工仿真系统界面介绍

数控加工仿真系统界面如图 2.29 所示。它包括标题栏、菜单栏、工具栏、显示区域、系统控制面板和机床操作面板等。

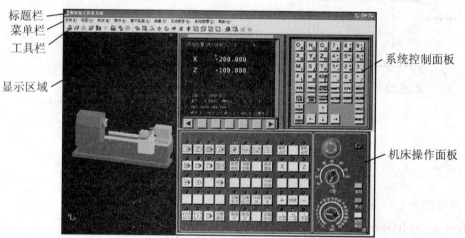

图 2.29 数控加工仿真系统界面

其中，菜单栏及工具栏如图 2.30 所示。

菜单栏：系统界面共有文件、视图、机床、零件、塞尺检查、测量、互动教学、系统管理、帮助 9 个菜单，常使用前 6 个菜单。

工具栏：包含常用的命令按钮，如机床、毛坯、安装零件、刀具、复位、局部放大、动态移动、俯视图、选项、控制面板切换等。

图 2.30 数控加工仿真系统的菜单栏和工具栏

1. 项目文件管理

1) 项目文件的作用

项目文件的作用是保存所有操作结果，但不包括操作过程。

2) 项目文件的内容

项目文件的内容包括机床、毛坯、加工零件、选用的刀具和夹具、在机床上的安装位置和方式、输入的参数、工件坐标系、刀具长度和半径补偿数据、输入的数控程序。

3) "文件" 菜单中项目文件的使用

(1) 新建项目文件。新建项目操作步骤如下：

① 打开菜单 "文件/新建项目"，弹出 "是否保存当前修改项目" 对话框；

②　在对话框中，单击"否"按钮，即建立了与当前屏幕上显示的机床与系统一样的新项目文件。

(2) 保存项目文件。保存新项目操作步骤如下：

①　打开菜单"文件/保存项目"，弹出"选择类型保存"对话框；

②　在"选择类型保存"对话框中，单击"确定"按钮，又弹出"另存为"对话框；

③　在"另存为"对话框中，打开自己的文件夹，输入文件名，单击"保存"按钮。此时，系统自动以用户设定的文件名建立一个文件夹，项目文件保存在该文件夹中。

保存修改项目操作步骤如下：

①　打开菜单"文件/保存项目"，弹出"选择类型保存"对话框；

②　在"选择类型保存"对话框中，单击"确定"按钮。此时，系统自动以原文件名自动保存修改过的新项目。

(3) 另存项目文件。另存项目操作步骤如下：

①　打开菜单"文件/另存项目"，弹出"选择类型保存"对话框；

②　在"选择类型保存"对话框中，选择保存路径，输入文件名，单击"确定"按钮，完成项目另存。

③　在"另存为"对话框中，打开自己的文件夹，输入新的文件名，单击"保存"按钮。此时，系统自动以用户设定的新文件名建立一个新文件夹，新项目文件保存在该文件夹中。

(4) 打开项目文件。打开项目操作步骤如下：

①　打开菜单"文件/打开项目"，弹出"是否保存当前修改项目"对话框；

②　在对话框中，单击"否"按钮，又弹出"打开"对话框；

③　在"打开"对话框中，找到要打开的项目文件夹；

④　打开项目文件夹及扩展名为".mac"的文件，即可打开已保存过的项目文件。

2. 视图设置

1) 工具栏中视图变换的选择

在工具栏中单击相应命令按钮，其功能分别对应于"视图"菜单中的"复位"、"局部放大"、"动态缩放"、"动态平移"、"动态旋转"、"侧视图"、"俯视图"、"前视图"功能，如图 2.31 所示，或将光标置于显示区域内，右击，弹出相应浮动菜单，以便选择。

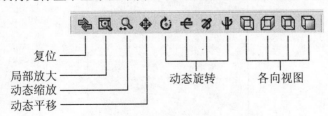

图 2.31　视图变换快捷键的功能

2) 控制面板界面切换

打开菜单"视图/控制面板切换"或在工具栏中单击"控制面板切换"按钮，即完成控制面板切换，如图 2.32 所示。

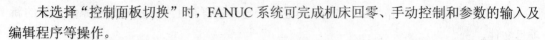
未选择"控制面板切换"时，FANUC 系统可完成机床回零、手动控制和参数的输入及编辑程序等操作。

选择"控制面板切换"后，FANUC 系统可完成全屏仿真加工等操作，同时快捷键功能有效。

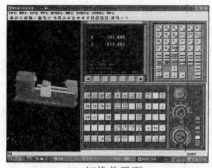
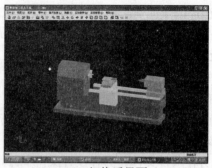

(a) 切换前界面   (b) 切换后界面

图 2.32　控制面板切换界面

3) 选项设置

打开菜单"视图/选项"或在工具栏中单击"选项"按钮(见图 2.33)，在"视图选项"对话框(见图 2.34)中进行相应设置，如仿真加工时，声音和铁屑的开关、机床显示方式、机床显示状态和零件显示方式等项目的设置。其中"透明"显示方式可方便观察内部加工状态；"仿真加倍速率"文本框中的速度值用以调节仿真速度，有效数值范围为 1～100。

图 2.33　单击"选项"按钮

如果勾选"对话框显示出错信息"复选框，出错信息提示将出现在对话框中，否则出错信息将出现在屏幕的右下角。

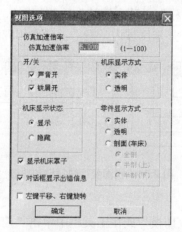

图 2.34　"视图选项"对话框

3. 数控车床与系统的选择

数控车床与系统的选择步骤如下：

(1) 打开菜单"机床/选择机床"或在工具栏中单击"机床"按钮，弹出"机床选择"对话框。

(2) 首先选择 FANUC 系统，再选择 0i 系列。

(3) 首先选择数控车床类型，再选择宝鸡机床厂 SK50(平床身前置刀架)。

(4) 最后单击"确定"按钮，如果不选择则单击"取消"按钮。

2.4.2　数控加工仿真系统的基本操作

1. 操作面板

操作面板由系统控制面板和机床操作面板组成，如图 2.35 所示。

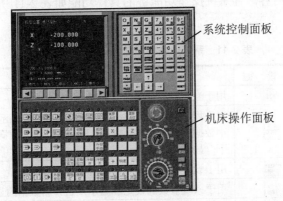

图 2.35　FANUC 0i 系统数控车床的系统控制与机床操作面板

1) 系统控制面板

系统控制面板主要包括 CRT 屏幕显示区、地址/数字键区和各种功能键等。其中，CRT 显示器可以显示车床的各种参数和状态，地址/数字键用于输入数据到输入区域，功能键用于选择数控系统的各种操作功能。

(1) CRT 屏幕显示区。屏幕显示区位于系统控制面板的左上方，包括屏幕和软键两部分。

屏幕可以显示加工位置、程序内容及参数设定情况。软键区在屏幕下方，可以显示更详细的信息，如图 2.36 所示。

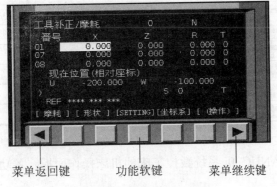

图 2.36　屏幕显示区域

在不同的情况下，软键有不同的功能，显示在屏幕的下方。按下面板上的功能键后，立刻显示出所选功能的详细内容，如图2.36界面显示，表示当前所选功能软键为"磨耗"，在此状态下即可输入相应刀具的磨损值。

(2) 地址/数字键。地址/数字键区如图2.37所示，用于输入数据到输入区域，系统会自动判别选取字母或数字。字母和数字键通过 SHIFT 键切换输入方式。直接按地址(字母)键，CRT屏幕上显示键左上方字母或数字；如果先按 SHIFT 键，再按地址(字母)键，则在CRT屏幕上显示右下方的字母或符号。例如，直接按 X_U 键，CRT屏幕上显示X，表示绝对坐标；如果按住 SHIFT 键再按 X_U 键，则在CRT屏幕上显示U，表示相对坐标。

图2.37 地址/数字键区

(3) 功能键。用于选择系统的各种操作功能，如编辑程序、坐标系偏置设定、刀具补偿设定、参数设定等内容。各系统操作功能键的具体功能如表2-11所示，编辑键的功能如表2-12所示。

表2-11 系统操作功能键名称、图标及功能

名　称	功　能　键	功　　能
位置键	POS	用于当前数控车床位置的显示
程序键	PROG	用于程序的显示。在编辑方式下，编辑、显示存储器里的程序；在手动数据输入方式下，输入、显示手动输入数据；在车床自动操作方式下，显示程序指令
偏置量键	OFFSET SETTING	用于设定和显示刀具的偏置量和宏程序变量
系统参数页面键	SYSTEM	用于系统参数的设定和显示及自诊断数据的显示
信息页面键	MESSAGE	用于显示提示信息
图形参数设置键	CUSTOM GRAPH	用于图形参数的设置

表2-12 编辑键名称、图标及功能

名　称	功　能　键	功　　能
换挡键	SHIFT	用于进行地址/数字键区的字母切换
取消键	CAN	用于消除输入区内的数据
输入键	INPUT	用于将数据输入到寄存器中，功能与软键上的"输入"键等效
替换键	ALTER	用于将输入的数据替换光标所在处的数据
插入键	INSERT	用于将输入区的数据插入到当前光标之后的位置
删除键	DELETE	该键可删除一个程序、全部程序或者删除光标所在处的数据
分号输入键	EOB E	用于结束一行程序的输入
前翻页键	↑ PAGE	将屏幕显示的页面往前翻页
后翻页键	↓ PAGE	将屏幕显示的页面往后翻页
光标移动键		分别将光标向上、下、左、右移动

2) 机床操作面板

图2.38所示为FANUC 0i系统数控车床的机床操作面板，各功能键的功能如表2-13所示。

图 2.38　机床操作面板

表 2-13　机床操作面板的功能键名称、图标及功能

名　　称	功　能　键		功　　能
模式选择按键		AUTO	自动运行加工程序
		EDIT	程序的输入及编辑
		MDI	手动数据输入
		ZRN	回机床参考点
		JOG	手动进给操作
		HANDLE	手轮进给
自动运行模式下的按键		SBK	单段运行(按一下,执行一句程序指令,暂停)
		BDT	程序段跳跃(按下此键,前面加"/"的程序段将被跳过执行)
		DRN	空运行(按下此键,自动运行模式下,刀架快速运行)用于检查刀具运动轨迹
		MLK	机床锁住(按下此键,溜板移动被限制)用于检查程序编制的正确性
		CYCLE START	循环启动(启动自动运行)
		FEED HOLD	进给保持(按下此键,暂停加工)
		CYCLE STOP	循环停止
		EMERGENCY STOP	紧急停止(发生紧急情况时,按下此按钮,车床停止运行);沿箭头指示方向旋转此按钮,可以使之弹起,恢复正常
系统电源按键		启动　停止	启动:在车床电源通电时,按下系统启动按钮,接通 NC 系统电源 停止:在车床停止工作时,按下停止按钮,系统断电
超程释放按键		超程释放	出现超程时,按下此键,同时按下超程反方向键,解除超程
主轴功能键		CW　STOP　CCW	此按键只在 JOG 和 HANDLE 模式下有效:依次为主轴正转、主轴停转、主轴反转

续表

名称	功能键	功能
主轴倍率 修调按钮	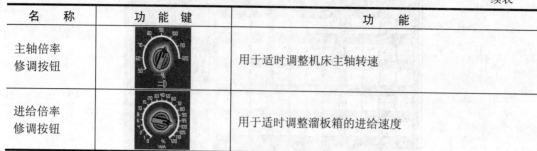	用于适时调整机床主轴转速
进给倍率 修调按钮		用于适时调整溜板箱的进给速度

2. 基本操作步骤

1) 数控车床的开机(ON)

(1) 检查数控车床的外观是否正常，前后门是否关好。

(2) 接通车床电源电器总开关。

(3) 按下数控系统控制面板上的启动电源按钮[■]。

(4) 检查急停按钮是否松开，若未松开，旋起急停按钮。

2) 手动返回参考点(ZRN)

对于使用相对编码器的数控车床，只要数控系统断电后，就必须执行返回参考点操作。如果断电重新启动后，没有返回参考点，则参考点指示灯不停地闪烁，提醒操作者进行该项操作。其操作方式如下：

(1) 通过手动或手轮方式将溜板移到减速挡块之前。

(2) 按下手动返回参考点键[⊕]，选择手动返回参考点。

(3) 依次按下 X 键和 + 键，使 X 轴回参考点，对应的原点指示灯亮，CRT 上的 X 坐标值变为"600.000"；再按下 Z 键和 + 键，使 Z 轴回参考点，对应的原点指示灯亮，CRT 上的 Z 坐标值变为"1010.000"。

【特别提示】

返回参考点时，为安全起见，先 X 轴，后 Z 轴。移动速度由快速移动倍率旋钮设定。

返回参考点是为了消除滚丝杠传动的累计误差，重新确定机床坐标系。

3) 编辑程序(EDIT)

(1) 加工程序的编辑与输入。在编辑方式下，可以将工件加工程序手动输入到存储器中，也可以对存储器内的加工程序进行修改、插入、删除等，还可利用系统的 NC 传输功能进行程序的输入和输出。

(2) 单段程序的输入与执行。在 MDI(手动数据输入)方式下，利用系统控制面板输入单段程序，可以实现换刀、启动主轴等操作。其操作步骤如下：

① 按下手动数据输入键[■]，选择手动数据输入操作方式。

② 按下程序键[PROG]，CRT 屏幕左上角显示"MDI"。

③ 输入要运行的程序段(如 T0202 或 M03 S1000)并按下[INSERT]键，将此程序段输入到缓冲器中，按下[I]键，执行此段程序。

4) 手动操作方式(JOG)

(1) 手动操作方式是用 X、Z 轴方向移动按钮，实现两轴各自的点动移动，利用进给倍率开关选择移动速度；也可以同时按下快速移动键快速，实现快速连续移动。

(2) 手轮进给方式(HANDLE)。转动手摇脉冲发生器手轮，使溜板沿着 Z 轴、X 轴移动，此方式适合于近距离对刀操作，其操作步骤如下：

① 按下手轮进给键，选择手轮操作方式。

② 设置工作方式选择旋钮到 Z 轴进给(HZ)或 X 轴进给(HX)手轮位置，Z 轴或 X 轴指示灯亮。

③ 设置手轮移动量倍率旋钮的位置，选择手轮进给移动量。

手摇脉冲倍率可以选择×1、×10、×100 三种，分别表示脉冲当量为 0.001mm、0.01mm、和 0.1mm，根据需要选择适合的倍率，确定手轮每刻度的当量值。

④ 顺时针或逆时针转动手轮，溜板沿所选轴的正向或负向，以手轮移动量倍率旋钮选择的进给移动量移动。

5) 自动加工操作(AUTO)

自动加工操作方式用来执行存储器中的程序，自动加工工件，具体操作步骤如下：

(1) 选择要执行的程序。

(2) 按下自动运行键，选择连续执行程序；按下单段运行键，选择逐段执行程序。

(3) 按下循环启动键，按键灯亮，自动加工循环开始。

(4) 程序执行完毕，循环启动指示灯灭，加工循环结束。

6) 数控车床的关机(OFF)

(1) 按下急停按钮。

(2) 按下数控系统控制面板上的停止电源按钮，关掉系统电源。

(3) 关掉车床总电源开关。

数控车削仿真操作中，应注意，重新开机后必须执行回参考点的操作。

2.4.3　数控车床仿真加工步骤与实例

仿真加工图 2.39 所示零件，步骤如下。

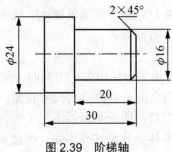

图 2.39　阶梯轴

1. 开机进入仿真加工系统

(1) 选择机床，选择机床类型(标准床身)，选择系统 FANUC-0i-mate。

(2) 旋起急停开关，按下启动电源按钮。

(3) 在工具栏中单击"选项"按钮，打开"视图选项"对话框，机床去罩。

2. 回参考点

见 2.4.2 小节"2. 基本操作步骤"中的"2) 手动返回参考点"内容。

3. 选取工艺装备

(1) 定义毛坯 30mm×50mm，放置零件。

(2) 选择粗车外圆刀 T01，精车外圆刀 T02，切断刀 T03。

4. 编辑程序

在"编辑"方式下，按下程序键 █████ 并输入程序。

```
O0110;
N10 G54 G00 X35. Z0;
N20 M03 S1000 T01;
N30 G01 X0 F200;
……;
```

5. 启动主轴

选择手动工作方式█████，按主轴启动键█████。

6. 对刀

在进行数控车床的程序编制和运行之前，必须确定刀具与机床及工件的相对位置，即对刀，这里介绍目前常用的试切对刀方法。假设坐标系的原点在工件右端面中心。

1) 基准刀的对刀(建立 G54 坐标系)

(1) 安装好工件之后，先用 T01 车端面，沿径向退刀(保持刀具在轴向尺寸不变)，切换坐标系为相对坐标系，并将 W 归零。按偏置键█████，选坐标系 G54，输入 Z0.0，按"测量键"确认，完成 Z 方向对刀。

(2) 再将工件的外圆表面车一刀，沿轴向退刀(保持刀具径向的尺寸不变)，停止主轴转动，测量工件直径，记录值并将 U 归零。按偏置键█████，选坐标系 G54，输入 X 坐标为测量值，按"测量键"确认，完成 X 方向对刀。

2) 非基准刀的对刀

(1) 刀具形状补偿。在数控加工中使用多把刀具时，由于选用刀具的刀柄长度、宽度以及刀片种类的不同，各把刀具之间会存在几何尺寸误差，而且安装刀具过程中，由于安装刀具的基准位置不同，导致刀具在同一坐标系下加工工件时，刀尖工作位置不同，即刀位点不同。运用同一程序加工零件会导致基准不同，引起加工误差。因而，需要进行刀具几何尺寸及位置误差的补偿，称刀具形状补偿，简称刀补。

如图 2.40 所示，在刀架中安放两把形状、尺寸不同的刀具。设 1 号刀为基准刀，刀具的刀位点与工件对刀点重合时，刀具与机床参考点的偏置值输入到 G54 坐标系中，系统确认了对刀基准点为 G54 坐标原点，如图 2.40(a)所示。当 2 号刀转到加工位置时，刀具刀位点与对刀基准点(即坐标原点)在 X、Z 坐标方向产生位置偏差 ΔX 和 ΔZ，如图 2.40(b)所示。在机床调整过程中，检测刀具位置偏差的过程称为非基准刀的对刀。并把该偏差输入到系统的刀具形状补偿地址中，以备换刀时调用，进行位置补偿。

刀补的设定在程序中表示方法：T0101，T 表示刀具功能字，前两位 01 表示 1 号刀，后两位 01 表示 1 号刀具的刀补号。同样 T0100 则表示 1 号刀不具有刀补。

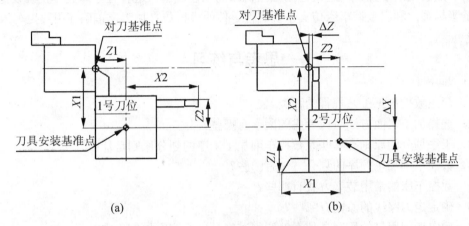

图 2.40　刀具安装位置偏差

(2) 非基准刀的对刀步骤。

① 在 MDI 方式下，输入 T02，按 **INPUT** 键，再按循环启动键 $\boxed{1}$，即可调 T02。

② 启动主轴，用 T02 自右向左逐渐地接触工件右端面，按偏置键 **OFFSET SETTING**，弹出"工具补正/摩耗"界面。选择"形状"补正，弹出如图 2.41 所示的"工具补正/形状"界面，将界面中下方显示的"W"值输入到"番号"02 对应的 Z 地址中，即完成 Z 方向刀补的对刀。

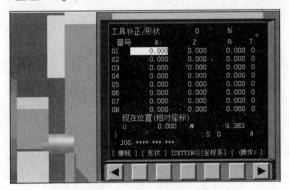

图 2.41　刀具形状补偿界面

③ 用 T02 逐渐接触工件外圆，在同一刀补界面按上述方法完成 X 方向刀补输入。

④ 以后各把非基准刀对刀方法相同。

7.　自动加工

在完成以上操作步骤后，按下程序键 **PROG**，显示程序界面，检查当前程序是否为所用程序，按复位键，确认光标处于程序名下方。按下 $\boxed{\rightarrow}$ 键选择工作方式为自动，并按循环启动键 $\boxed{1}$，开始加工。

小　结

本模块主要介绍了数控加工工艺基本知识、程序编制基础及数控车床仿真系统的用法。要求读者能利用所学知识，正确选用数控机床的工艺装备；进行程序编制；正确设定数控机床的坐标系；利用数控车床仿真系统进行零件的模拟仿真加工及正确使用数控车床。

思考与练习

1. 简述数控加工工艺规程的种类。
2. 选择加工表面方法时应考虑的因素有哪些？
3. 工序划分的原则有哪些？数控车削加工工序的划分原则是什么？
4. 数控车削加工顺序的划分方法有哪些？
5. 数控车床的常用装夹方式有哪些？
6. 确定走刀路线的原则有哪些？
7. 确定切削用量的原则是什么？切削深度与进给速度如何确定？
8. 数控车床的坐标系是怎样规定的？
9. 数控车床的机床原点和工件原点有何区别？
10. 数控车床加工零件时为什么需要对刀？试述试切对刀的过程。
11. 写出机床回零操作的具体步骤。
12. 模态指令与非模态指令的区别是什么？

模块 3

外轮廓零件的编程与加工

数控车床主要加工回转类零件，外圆和端面加工是零件加工的基本步骤。因此，应首先掌握外圆与端面的加工工艺与编程指令。本模块主要讲解外圆与端面加工的工艺特点，编程基本指令 G50、G54～G59、G00、G01、G02、G03，循环加工指令 G90、G92、G71、G72、G73、G70 及刀具圆角半径补偿指令 G41、G42、G40 的使用方法，培养学生分析和解决外轮廓零件加工的实际问题的能力。

3.1 简单轴类零件的编程与加工

任务目标	1. 掌握简单轴类零件外轮廓数控车削加工工艺
	2. 掌握基本编程指令 G00、G01、G90、G50、G54 及编程方法
	3. 掌握数控车床的基本操作方法
内容提示	1. 简单阶梯轴的编程与加工
	2. 一般阶梯轴的编程与加工
	3. 常用轴类零件的编程与加工
	4. 实训操作(四) 简单阶梯轴的编程与加工

3.1.1 简单阶梯轴的编程与加工

任务：编制如图 3.1 所示简单阶梯轴的加工程序，并加工此零件。

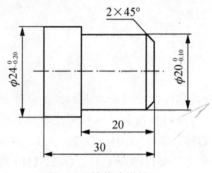

图 3.1 简单阶梯轴

知识点：此阶梯轴结构简单、尺寸精度较低，易于加工。可采用三爪自定心卡盘(三爪卡盘)一次装夹加工完成，工艺过程简单。涉及的编程指令包括运动指令 G00、G01 及坐标系设定指令 G50。

难点：坐标系设定指令 G50 的含义及实际设定方法。

1. 相关知识点

1) 快速点定位指令(G00)

使用快速点定位指令可使刀具快速移动到指定的工件坐标系中的某个位置，主要用于使刀具快速接近或快速离开零件，一般为空行程。

指令格式：

```
G00 X(U)__ Z(W)__;
```

其中：

X、Z——目标点(刀具运动终点)的绝对坐标，且 X 为直径值(一般均为直径编程)；

U、W——目标点(刀具运动终点)的增量坐标。

说明：

(1) G00 为模态代码；

(2) G00 指令使刀具移动的速度由机床系统设置，无须在程序段中指定；

(3) G00 指令使刀具移动的轨迹依系统不同而有所不同,使用时要注意刀具所走路线是否和零件或夹具发生碰撞。

2) 直线插补指令 G01

使用直线插补指令可使刀具从当前点沿直线移动到指令规定的终点,一般为切削行程。指令格式:

    G01 X(U)__ Z(W)__ F__;

其中:

X、Z——目标点(刀具运动终点)的绝对坐标;

U、W——目标点(刀具运动终点)的增量坐标;

F——刀具的进给速度。

说明:

(1) G01 为模态代码;

(2) G01 指令使刀具按 F 指定的进给速度从当前点移动到目标点。F 可以是每分进给,用 G98 指令指定;也可以是每转进给,用 G99 指令指定。

【例 3-1】　图 3.2 为图 3.1 零件的加工工序中粗车右端外圆至φ25 的走刀路线图,留 1mm 半精车余量,此工序的程序段如下:

    ……;
    N050 G00 X25. Z2.;   快速点定位;
    N060 G01 Z-30. F150;   粗车外圆φ24 至尺寸φ25;
    N070 G01 X26.;   径向退刀;
    N080 G00 Z2.   轴向退刀;
    ……;

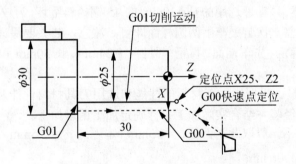

图 3.2　G01、G00 走刀路线图

3) 坐标系设定指令 G50

在数控编程时,应预先确定工件坐标系。数控车床程序的编制,可通过 G50 设定当前工件坐标系的原点,同时,也设定了刀具起刀点的位置。该坐标系在机床断电后自动消失。

指令格式:

    G50 X__ Z__;

其中:

X、Z 的值是起刀点相对于工件坐标系原点的位置,G50 并不使刀具产生运动。执行程序前，应将刀具移动到起刀点方可启动程序。

如图 3.3 所示，建立工件坐标系指令为：G50 X100. Z100.；坐标系的原点即为工件右端面的中心 O 点，图 3.3(a)为后置刀架的坐标系示意图，图 3.3(b)为前置刀架的坐标系示意图。

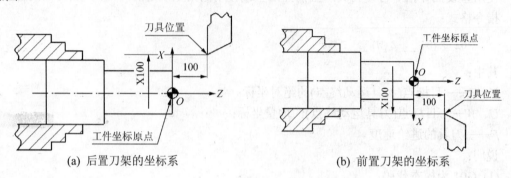

| (a) 后置刀架的坐标系 | (b) 前置刀架的坐标系 |

图 3.3　工件坐标系的建立

2. **任务实施**

1) 工艺分析

(1) 零件技术要求分析。图 3.1 是简单阶梯轴，加工表面应为 $\phi 24$、$\phi 20$ 的圆柱面及右端面(带倒角)。

精度要求分析：

$\phi 24$、$\phi 20$ 轴径尺寸精度要求较低，且表面粗糙度要求低(未标注 Ra)，无形位公差要求，故粗车、半精车即可达到要求。

(2) 制订加工工艺。

① 工艺过程描述。该零件选用的是 $\phi 30mm$ 的 45 钢棒料毛坯。为较好地保证加工质量，应采用三爪自定心卡盘一次装夹车削两圆柱面即可。注意，装夹要保证外伸长 40mm。

② 加工顺序的确定。先车端面；再粗车外圆：$\phi 24mm$、长 30mm 和 $\phi 20mm$、长 20mm；最后倒角和半精加工。

(3) 确定切削用量。根据被加工材料的性能和选用刀具材料性能及机床性能，加工工艺及加工要求，依据经验并结合实际加工条件确定加工用量如下。

① 粗加工：中碳钢一般取背吃刀量 $a_p \leq 3mm$，本题选 $a_p = 2.5mm$；进给速度 $f = 150mm/min$，主轴转速 $n = 1000r/min$。

② 半精加工：取背吃刀量 $a_p = 0.5mm$，进给速度 $f = 80mm/min$，主轴转速 $n = 1200r/min$。

(4) 选择机床，确定数控系统。

① 数控机床型号：CK6140。

② 数控系统：FANUC 0i 系统。

2) 选择刀具

根据模块 2 中表 2-7，选择机夹可转位式车刀中的外圆右偏刀，进行粗车和半精车加工。由上述工艺分析可知，工件精度较低，为减少换刀时间，保证加工效率，粗加工、半精加工使用一把刀完成。数控加工刀具卡片如表 3-1 所示。

表 3-1　数控加工刀具卡

产品名称或代号			零件名称	简单阶梯轴	零件图号	01
序号	刀具号	刀具规格名称	数量	加工表面	刀尖半径/ mm	备注
1	T01	硬质合金 90°外圆车刀	1	车端面及粗、精车外圆轮廓		

3) 加工坐标系的确定及数值计算

(1) 加工坐标系的确定。坐标系的原点选择在工件的右端面与轴线的交点处，Z 轴为主轴所在的位置，即水平位置，其正方向朝右，即刀具远离工件的方向；刀架在前方，X 轴的正方向水平朝前，加工坐标系如图 3.4 所示。

(2) 数值计算。轮廓点的坐标均已知，这里只讲倒角的计算方法。为保证加工面的质量，加工倒角时，刀具由 C 点经 A 点切向 B 点，如图 3.5 所示。设 C 点坐标为 $Z=1$，则 $DC=3$。

在等腰直角三角形 BCD 中，$BD=DC=3$，则

C 点的直径尺寸 $\phi=20-2\times BD=14$，即

C 点坐标为 (14，1)，终点为 B(20，−2)，如图 3.5 所示。

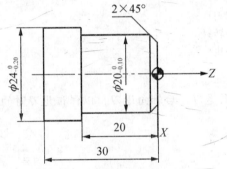

图 3.4　阶梯轴坐标系的建立

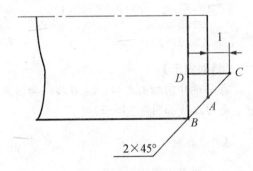

图 3.5　倒角坐标的计算

4) 走刀路线

根据已确定的加工工艺，设计走刀路线如图 3.6 所示。

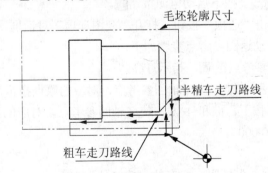

图 3.6　加工走刀路线图

5) 加工程序

```
O00001；
```

```
N010 G50 X100. Z100.;              建立坐标系;
N020 M03 S1000 T0101;              主轴正转,调1号刀;
N030 G00 X31. Z0.;                 快速点定位;
N040 G98 G01 X0. F150;             车端面,设定每分进给;
N050 G00 X25. Z2.;                 快速点定位;
N060 G01 Z-30. F150;              粗车外圆至尺寸φ25;
N070 G01 X26.;                     径向退刀;
N080 G00 Z2.;                      轴向退刀;
N090 X21.;                         径向进刀;
N100 G01 Z-20.;                    粗车外圆φ20至尺寸φ21;
N110 G01 X22.;                     径向退刀;
N120 G00 Z2.;                      轴向退刀;
N130 X14. Z1.;                     快速点定位,准备倒角;
N140 G01 X20. Z-2. F40;            倒角;
N150 Z-20.;                        按轮廓由右向左进行半精加工;
N160 X24.;
N170 Z-30.;
N180 X25.;
N190 G00 X100. Z100.;              返回起刀点;
N200 M05;                          主轴停转;
N210 M30;                          程序停止;
```

【特别提示】

每一步外圆加工之后，退刀路线为：先径向退刀，后轴向退刀，以保证退刀时的安全性。走刀路线如图 3.2 所示。

3. 仿真加工

仿真加工步骤如下：

(1) 开机进入仿真加工系统。

① 选择机床，选择机床类型，选用标准床身，选择系统 FANUC-0i。

② 旋起急停开关，按下启动电源按钮。

③ 在工具栏中单击"选项"按钮，打开"视图选项"对话框，机床去罩。

(2) 回参考点。手动返回参考点步骤如下：

① 按下手动返回参考点键，指示灯亮。

② 依次按下 X 键和 + 键，使 X 轴回参考点，对应的原点指示灯亮，CRT 上的 X 坐标值变为"600.000"；再按下 Z 键和 + 键，使 Z 轴回参考点，对应的原点指示灯亮，CRT 上的 Z 坐标值变为"1010.000"。

【特别提示】

返回参考点时，为安全起见，先 X 轴，后 Z 轴。

(3) 安装毛坯及刀具。

① 打开菜单"零件/定义毛坯"，弹出"定义毛坯"对话框，定义毛坯 $\phi 30 \times 150$mm 并安装，如图 3.7 所示。

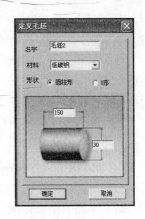

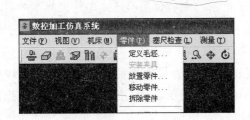

图 3.7　毛坯的选择

② 安装刀具。选用 90° 外圆右偏刀 T01，具体步骤如下：

打开菜单"机床/刀具选择"，弹出"刀具选择"对话框，共分 4 个区域，如图 3.8 所示。在"选择刀位"区域确定刀位号，在"选择刀片"区域选择刀片，在"选择刀柄"区域选择刀柄类型，在"刀架所选位置上的刀具"区域选择刀具长度及刀尖半径。

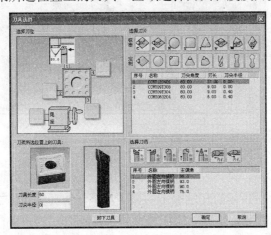

图 3.8　"刀具选择"对话框

(4) 输入程序。

① 按下编辑键 ⊗ 。

② 按下程序键 PROG，液晶屏幕左下角显示 EDIT，进入编辑界面。

③ 输入 O0001 号程序并保存文件。

(5) 启动主轴。选择手动工作方式 ，按主轴启动键 。

(6) 对刀。

① 在手动工作方式 下，按下 Z 键，再按下 − 键将刀具沿 Z 负向接近工件，按下 X 键，再按下 − 键将刀具沿 X 负向接近工件。

② 按下手轮进给键 ，使刀具慢速车削端面，在 POS 界面，选相对坐标，将 W 值清零，即为 Z 轴零点。

③ 再使刀具慢速车削外圆表面，在 POS 界面，选相对坐标，将 U 值清零，并将刀具沿

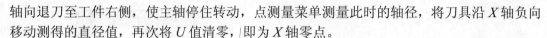

轴向退刀至工件右侧，使主轴停住转动，点测量菜单测量此时的轴径，将刀具沿 X 轴负向移动测得的直径值，再次将 U 值清零，即为 X 轴零点。

④ 将刀具分别沿 X、Z 向移至 U100、W100 处。

【特别提示】

G50 是通过确定起刀点相对于工件坐标系原点的位置而建立工件坐标系的，此指令并不产生刀具的移动，因而，加工前必须将刀具的起刀点移至(U100.，W100.)处，即程序中 G50 设定的(X100.，Z100.)处。

(7) 自动加工。按下程序键 ![PROG]，显示程序界面，检查当前程序是否为所用程序，按复位键，确认光标处于程序名下方。按下单段运行键 ![→] 选择工作方式为自动，并按循环启动键 ![I]，开始加工。加工结果如图 3.9 所示。

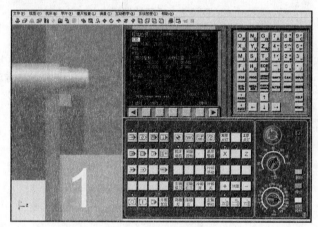

图 3.9 仿真加工

4. 机床加工

在机床上完成图 3.1 所示阶梯轴加工的操作步骤与仿真步骤基本相同，所不同的是刀具、毛坯的安装是人工完成的，因此要注意安装调整。

(1) 毛坯的安装。毛坯安装时要保证工件轴向尺寸的加工要求，工件夹紧要牢靠。

(2) 刀具安装与调整。按数控加工刀具卡确定的刀具号确认刀架刀位号(T01 对应 1 号刀位)。用棉纱将刀体及刀具安装槽擦拭干净，将刀具右侧面贴紧刀具安装槽，摆正。初步目测，调整刀尖高度对中(中心高度)，夹紧刀具，试车工件端面，观测刀尖与工件中心对齐情况，通过加调垫片等方法调整刀尖中心高度，使其与工件轴向等高。

3.1.2 一般阶梯轴的编程与加工

任务：用单一循环指令 G90 编写如图 3.10 所示阶梯轴的程序，并加工此零件。

知识点：此阶梯轴结构简单、尺寸精度较低，易于加工。可采用三爪自定心卡盘一次装夹加工完成，工艺过程简单。由于粗加工余量较大，分两刀切削。涉及的编程知识：单一固定循环指令 G90 的用法、坐标系设定指令 G50 的运用、切断程序的编制方法及刀具几何尺寸与位置误差补偿的建立方法。

难点：刀具几何尺寸与位置误差补偿的建立方法。

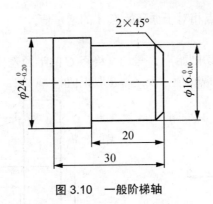

图 3.10　一般阶梯轴

1. 相关知识点

1) 工序的划分方法

前面 2.1 节已讲述:数控车削加工中,按照工序集中原则划分工序,具体方法有:①按安装次数划分;②按刀具划分;③按粗、精加工划分;④按加工部位划分。这里按粗精加工划分工序。

粗加工中,分两个工步进行:先粗加工 $\phi 24$ 圆柱面到尺寸 $\phi 25$,再粗加工 $\phi 16$ 圆柱面到 $\phi 17$。

每一工步中,要根据切削余量的大小进行走刀次数的划分。当径向切削余量过大时,一般大于 7mm 时,需将此圆柱面的加工分两刀或几刀进行,即进行走刀次数的划分。例如,$\phi 25$ 加工到 $\phi 17$ 中,双边余量为 8mm,至少分两次走刀切削。

2) 固定循环切削指令 G90

外径、内径车削单一固定循环指令为 G90,本模块只讲述外圆柱、外圆锥面的车削加工(内圆柱、内圆锥的实例在模块 4 中讲解)。

进行内、外径粗加工时,刀具常常要反复地执行相同的动作,才能切至工件要求的尺寸,程序中常常要写入很多程序段,为了简化程序,数控装置可以用一个程序段指定刀具做反复切削,这就是固定循环功能。

加工一个轮廓表面需要 4 个动作:①快速进刀;②切削进给;③退刀;④快速返回。单一形状固定循环指令 G90 用一个程序段完成上述 4 步操作,如图 3.11 所示。

图 3.11 中,A—B—C—D 为刀具的循环路线,A 点为循环始点,B 点为切削始点,C 点为切削终点。

指令格式:

圆柱面车削循环:

　　G90　X(U)＿＿　Z(W)＿＿　F＿＿；

圆锥面车削循环:

　　G90　X(U)＿＿　Z(W)＿＿　R(或 I)＿＿　F＿＿；

其中:

X、Z——切削终点 C 的绝对坐标值;

U、W——切削终点 C 点相对于循环始点 A 的增量值；

F——进给速度，mm/r；

R(或 I)——车圆锥时，切削始点 B 与切削终点 C 的半径差值。该值有正负号：若 B 点半径值小于 C 点半径值，R 取负值；反之，R 取正值。

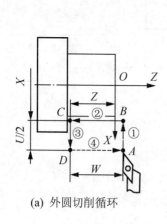　　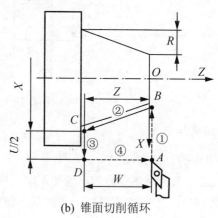

(a) 外圆切削循环　　　　　　　　　　(b) 锥面切削循环

图 3.11　G90 用于外轮廓加工的循环路线

【例 3-2】　如图 3.10 中，先粗加工 ϕ24 圆柱面到尺寸 ϕ25，再粗加工 ϕ16 圆柱面到 ϕ17，G90 循环路径如图 3.12 所示，其程序编制如下。

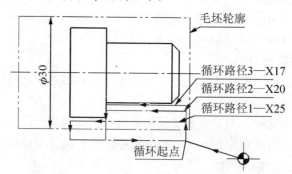

图 3.12　G90 循环路线

```
……;
N050  G00 X32. Z2.;            快速点定位到循环始点 A；
N060  G90 X25. Z-35. F150;     粗车外圆φ24 至尺寸φ25；
N070      X20. Z-20.;          第一次走刀：粗车外圆φ16 至尺寸φ20；
N080      X17.;                第二次走刀：粗车外圆φ16 至尺寸φ17；
……;
```

【特别提示】

单一固定循环指令 G90，循环路线为一个完整的矩形，循环结束后，刀具应返回循环始点 A。

【例 3-3】　加工如图 3.13 所示的大余量圆锥体，用 G90 单一循环指令编写其粗加工程序。

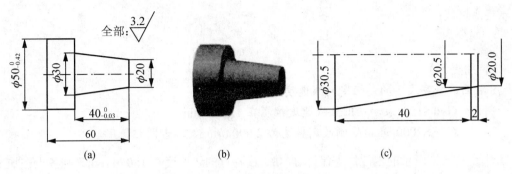

图 3.13   圆锥轴

切削终点的 X 向切削余量为 20mm，粗加工分 4 次走刀，各次走刀的切削终点坐标依次为：(45，−40)，(40，−40)，(35，−40)，(30.5，−40)，留 0.5mm 精车余量。粗加工后的半成品工序尺寸为：锥体大端直径 ϕ30.5，小端直径 ϕ20.5。设刀具在 Z 轴起刀点为 Z2.0，如图 3.13(c)所示。那么，刀具在 X 轴的起刀点直径为

$$X=20.5-2[(30-20)/40]=20.0$$

故 G90 循环指令中的锥度参数 R 为

$$R=\frac{20-30.5}{2}=-5.25$$

粗加工圆锥程序如下：

```
······;
N030 G00 X55. Z2.;                快速点定位到循环始点 A;
N040 G90 X45. Z-40. R-5.25 F0.3;  第一刀粗车外圆锥面至 X45.;
N050     X40.;                    第二刀粗车外圆锥面至 X40.;
N060     X35.;                    第三刀粗车外圆锥面至 X35.;
N070     X30.5;                   第四刀粗车外圆锥面至 X30.5;
······;
```

走刀路线如图 3.14 所示。

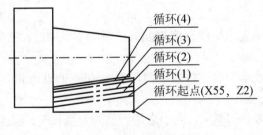

图 3.14   圆锥循环路线

3) 切断程序的编制

切断刀的选择，应根据工件直径大小确定刀头长度，应使刀头长度大于工件半径。编写切断程序时，应以左刀尖为刀位点，切断时 Z 向定位尺寸应为工件轴向总尺寸加上刀具宽度，如图 3.15 所示。为保证工件切断端面的加工质量，尽量使用恒线速切削指令 G96。

指令格式：

```
G96 S__
```

【特别提示】

S 后面的数字表示的是恒定的线速度，单位为 m/min。

例如：G96 S150 表示切削点线速度控制在 150 m/min。

G50 S2000 表示限制最高转速为 2 000 r/min，二者同时使用。

对图 3.16 中所示的零件，为保持 A、B、C 各点的线速度在 150 m/min，则各点在加工时的主轴转速分别为

A：$n=1\ 000 \times 150 \div (\pi \times 40)$ r/min =1193 r/min

B：$n=1\ 000 \times 150 \div (\pi \times 60)$ r/min =795 r/min

C：$n=1\ 000 \times 150 \div (\pi \times 70)$ r/min =682 r/min

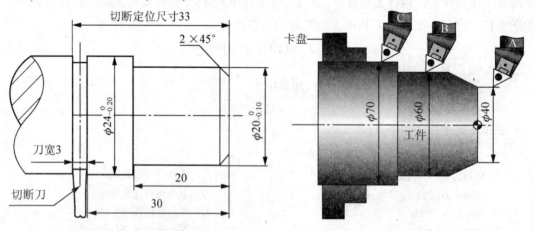

图 3.15　切断时 Z 向定位尺寸　　　图 3.16　不同轴径处线速度计算

恒线速取消指令 G97

指令格式：

```
G97 S__
```

说明：S 后面的数字表示恒线速度控制取消后的主轴转速，必须指定。否则，将保留 G96 的最终值。

例如：G97 S3000 表示恒线速控制取消后主轴转速 3000 r/min。

4) 刀补

在数控加工中使用多把刀具时，由于选用刀具的刀柄长度、宽度以及刀片种类的不同，各把刀具之间会存在几何尺寸误差，而且，安装刀具过程中，由于安装刀具的基准位置不同，导致刀具在同一坐标系下加工工件时，刀尖工作位置不同，即刀位点不同。运用同一程序加工零件会导致基准不同，引起加工误差。因而，需要进行刀具几何尺寸及位置误差的补偿，称为刀具补偿，简称刀补。

刀补的设定在程序中表示方法：T0101，T 表示刀具功能字，前两位 01 表示 1 号刀，后两位 01 表示 1 号刀具的刀补号。同样 T0100 则表示 1 号刀不具有刀补。

2. 任务实施

1) 工艺分析

(1) 零件技术分析。图 3.10 是一般阶梯轴，加工表面应为 $\phi24$、$\phi16$ 的圆柱面及右端面(带倒角)。

精度要求分析：$\phi24$、$\phi16$ 轴径尺寸精度要求较低，且表面粗糙度要求低(无 Ra 要求)，无形位公差要求，故粗车、半精车即可达到要求。

(2) 制定加工工艺。此零件的加工应分粗加工、半精加工两步工序，粗加工分两个工步。当径向切削余量大于 7mm 时，一般需将此圆柱面的加工分两刀进行。例如，$\phi25$ 加工到 $\phi17$ 中，双边余量为 8mm，至少分两次走刀切削，第一刀切削余量为 5mm，第二刀为 3mm，留 1mm 的半精加工余量。走刀路线如图 3.12 所示。

精车时，先倒角，然后由右向左依次走刀完成 $\phi16$ 及 $\phi24$ 圆柱面的加工，最后切断工件。

(3) 确定切削用量。根据被加工材料的性能和选用刀具材料性能及机床性能，加工工艺及加工要求，依据经验并结合实际加工条件确定加工用量如下：

① 粗加工：第一刀取背吃刀量 a_{p}=2.5mm，第二刀取背吃刀量 a_{p}=1.5mm；进给速度 f=150mm/min，主轴转速 n=1000r/min。

② 半精加工：取背吃刀量 a_{p}=0.5mm，进给速度 f=80mm/min，主轴转速 n=1200 r/min。

(4) 选择机床，确定数控系统。

① 数控机床型号：CK6140。

② 数控系统：FANUC 0i 系统。

(5) 选择刀具。数控加工刀具卡如表 3-2 所示。

表 3-2　数控加工刀具卡

产品名称或代号				零件名称	一般阶梯轴	零件图号	02
序号	刀具号	刀具规格名称	数量	加 工 表 面		刀尖半径/mm	备注
1	T01	硬质合金 90° 外圆车刀	1	车端面及粗、精车外圆轮廓			
2	T02	刀宽为 3mm 的切断刀	1	切断			

(6) 加工坐标系的确定与数值计算。

① 工件坐标系设定。工件坐标系的原点仍选择在工件的右端面与轴线的交点处，Z 轴为主轴所在的位置，即水平位置，其正方向朝右；刀架在前方，X 轴的正方向水平朝前，加工坐标系如图 3.17 所示。

② 数值计算。切断时定位点的计算，应考虑刀具宽度的影响，即 Z 坐标应为工件总长与刀具宽度之和，即 Z=−33。

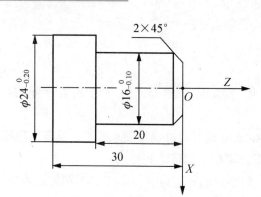

图 3.17　工件坐标系设定

2) 加工程序

```
O0001;
N010 G50 X100. Z100.;
N020 M03 S1000 T0101;
N030 G00 X31. Z0.;              点定位(车端面);
N040 G98 G01 X0. F150;          车端面;
N050 G00 X32. Z2.;              定位到循环起点;
N060 G90 X25 Z-35. F150;        G90 循环,粗车外圆φ24 至尺寸φ25;
N070 X20. Z-20.;                G90 循环车阶梯外圆至φ20;
N080 X17.;                      G90 循环车阶梯外圆至φ17
N090 G00 X10. Z1.;              定位到倒角起点;
N100 S1200.;
N110 G01 X16. Z-2.F80;
N120 Z-20.;
N130 X24.;
N140 Z-30.;                     倒角并完成半精车加工;
N150 G00 X35.;
N160 X100. Z100.;
N170 T0202;                     换 2 号刀,切断;
N175 G96 S150;                  主轴横线速切削;
N180 G00 x32. Z-33.;            切断刀定位;
N190 G01 X0. F50 ;              切断;
N200 G00 X40.;                  沿 X 方向退出;
N205 G97 S1000;                 取消恒线速,设定主轴转速;
N210 X100. Z100. T0200;         回换刀点,取消刀补;
N220 T0101;
N230 M05;
N240 M30;
```

【特别提示】

切断时的刀位点应为左刀尖,故切断之前刀具应定位在 Z 坐标为"工件总长加刀宽"的位置,即 Z-33 处。

3. 仿真加工

仿真操作步骤如前所述，这里仅介绍非基准刀刀具补偿的建立方法，步骤如下：

(1) 在手动操作方式下，确定 1 号刀的对刀基准点(U0，W0)。

(2) 在 MDI 方式下，输入 T02，按 INPUT 键，再按循环启动键 ，即可调 T02。

(3) 启动主轴，用 T02 自右向左逐渐地接触右端面，按偏置键 OFFSET SETTING，选择"形状"补正，在相应的刀具号内，将光标移至 Z 值处并输入补正值，即 W 的显示值，如图 3.18 所示。

(4) 用 T02 逐渐接触工件外圆，在相应的刀具号内，将光标移至 X 值处并输入补正值，即 U 的显示值。

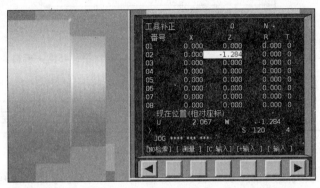

图 3.18　刀补建立界面

4. 机床加工

加工时应注意以下两个问题：

(1) 毛坯的安装。毛坯安装时外伸长度应为：工件轴向尺寸+切断刀宽度+10～15mm 以上。

(2) 刀具安装与调整。1 号刀安装如前所述；2 号刀为切断刀，安装时，应保证主切削刃与机床主轴平行；刀尖高度理论上应与工件轴线等高，由于存在安装误差，允许刀尖高度略低于工件轴心线。

3.1.3　常用轴类零件的编程与加工

任务：编制如图 3.19 所示齿轮轴的程序，并加工此零件。

知识点：此齿轮轴是细长轴尺寸精度、形状精度要求较高，工艺过程较复杂。粗加工时需采用三爪自定心卡盘装夹，精加工采用双顶尖装夹，以保证各段轴之间的同轴度要求。涉及的编程指令包括：单一固定循环指令 G90 及预置工件坐标系指令 G54～G59。

难点：齿轮轴加工工艺分析，预置工件坐标系指令 G54～G59 的运用。

1. 相关知识点

1) 装夹工艺知识

(1) 两顶尖装夹。两顶尖装夹工件方便，不需找正，装夹精度高。对于较长的、需经过多次装夹或工序较多的工件，为保证装夹精度，可用两顶尖装夹。顶尖分前顶尖和后顶尖。

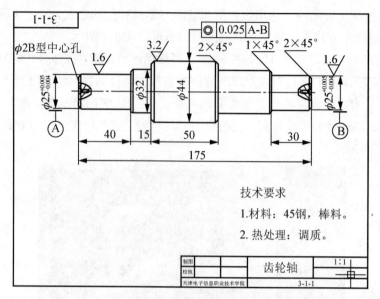

图 3.19　齿轮轴任务工作图

① 前顶尖。前顶尖随主轴一起旋转，与主轴中心孔不产生摩擦。前顶尖的类形有两种。一种是插入主轴锥孔内的，如图 3.20(a)所示，这种顶尖安装牢固，适于批量生产。另一种是夹在卡盘上的，如图 3.20(b)所示，这种顶尖的优点是制造安装方便，定心准确；缺点是顶尖刚度不够，容易磨损，车削过程中容易抖动，只适于小批量生产。

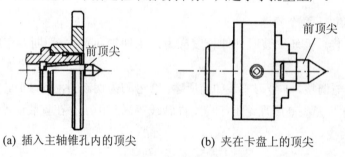

(a) 插入主轴锥孔内的顶尖　　　　(b) 夹在卡盘上的顶尖

图 3.20　前顶尖结构形式

② 后顶尖。插入尾座套筒锥孔的顶尖称为后顶尖。后顶尖又可分为固定顶尖(死顶尖)和回转顶尖(活顶尖)两种，如图 3.21(a)、(b)所示。其中回转顶尖使用较为广泛，但不适合在加工精度要求高的场合中使用。

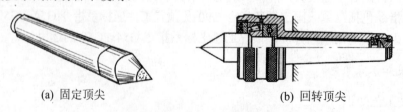

(a) 固定顶尖　　　　　　(b) 回转顶尖

图 3.21　后顶尖结构形式

③ 传力夹头。由于两顶尖只对工件起定心和支撑作用，无法直接传递动力，因此需要鸡心夹头，如图 3.22(a)所示，或对分夹头，如图 3.22(b)所示，来带动工件旋转。工件装夹时，必须用对分夹头或鸡心夹头夹紧工件一端，拨杆伸向端面，才能带动工件旋转，如图 3.22(c)所示。

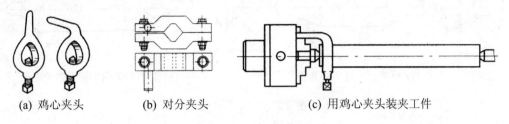

(a) 鸡心夹头   (b) 对分夹头   (c) 用鸡心夹头装夹工件

图 3.22 鸡心夹头与对分夹头

④ 拨动顶尖。用鸡心夹头或对分夹头进行装夹时，速度较慢，有时可以用拨动顶尖来代替前顶尖和夹头。图 3.23 所示的拨动顶尖的锥面上带有齿，能嵌入工件，拨动工件旋转。

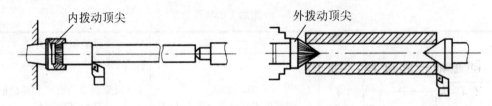

图 3.23 拨动顶尖

(2) 一夹一顶。用两顶尖装夹车削工件的优点虽然很多，但其刚性较差，尤其对粗大笨重工件装夹时的稳定性不够，切削用量的选择受到限制，这时通常选用一端用三爪自定心卡盘或四爪单动卡盘夹紧，另一端用顶尖支撑来装夹工件，即一夹一顶安装。用这种方法装夹较安全可靠，能承受较大的进给力，因此应用广泛。

当用一夹一顶的方式安装工件时，为了防止工件的轴向窜动，通常在卡盘内装一个轴向限位支撑，如图 3.24(a)所示，或在工件的被夹持部位车削一个 10～20mm 的台阶，作为轴向限位支撑如图 3.24(b)所示。

虽然用一夹一顶的装夹方法优点很多，但必须对尾座及时进行调整，以避免车削过程中产生锥度。同时还需注意，这种方法在对于相互位置精度要求较高的工件，在调头车削时找正较困难。

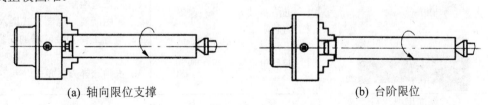

(a) 轴向限位支撑   (b) 台阶限位

图 3.24 一夹一顶装夹方式

2) 中心孔类型

中心孔又称顶尖孔。它是顶尖装夹的支撑表面，也是轴类零件顶尖装夹的定位基准。中心孔的常用类型有两种，如图 3.25 所示。图 3.25(a)为单锥面普通中心孔，较为常用。

图 3.25(b)为带有 120°保护锥面的中心孔，可以防止 60°定位锥面被破坏，提高定位精度。

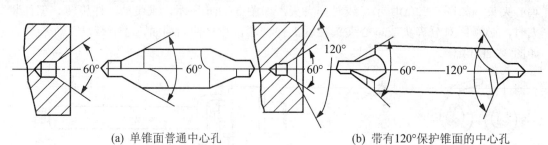

(a) 单锥面普通中心孔   (b) 带有120°保护锥面的中心孔

图 3.25 中心孔类型

3) 轴类零件加工质量分析

数控车床在外圆加工过程中会遇到各种各样的加工质量问题，表 3-3 对较常出现的问题、产生原因、预防和解决方法进行了分析。

表 3-3 外圆加工的质量分析

问 题	产 生 原 因	预防和解决方法
工件外圆尺寸超差 $\phi20$ $\phi13.5$ $\phi14$ 22 45	1. 刀具数据不准确 2. 切削用量选择不当产生让刀 3. 程序错误 4. 工件尺寸计算错误	1. 调整或重新设定刀具数据 2. 合理选择切削用量 3. 检查、修改加工程序 4. 正确计算工件尺寸
外圆表面质量太差	1. 车刀角度选择不当，如选择过小 2. 刀具中心过高 3. 切屑控制较差 4. 刀尖产生积屑瘤 5. 切削液选用不合理 6. 工件刚度不足	1. 合理选择车刀前角、后角和主偏角 2. 调整刀具中心高度 3. 选择合理的进刀方式及切深 4. 选择合适的切削速度 5. 选择正确的切削液并充分喷注 6. 增加工件的装夹刚度
加工过程中出现扎刀导致工件报废	1. 进给量过大 2. 切屑阻塞 3. 工件安装不合理 4. 刀具角度选择不合理	1. 降低进给量 2. 采用断屑、退屑方式切入 3. 检查工件安装，增加安装刚度 4. 正确选择刀具角度
台阶端面出现倾斜	1. 程序错误 2. 刀具安装不正确 3. 切削用量不当	1. 检查、修改加工程序 2. 正确安装刀具 3. 合理调整和选择切削用量

续表

问　　题	产生原因	预防和解决方法
工件圆度超差或产生锥度 	1. 机床主轴间隙过大 2. 程序错误 3. 工件安装不合理	1. 调整机床主轴间隙 2. 检查、修改加工程序 3. 检查工件安装，增加安装刚度

4) 预置工件坐标系指令 G54～G59 的使用

前两项任务中，均采用 G50 指令建立工件坐标系，本任务齿轮轴程序中，由于需要二次装夹，需建立多个坐标系，故将采用预置工件坐标系指令 G54～G59 建立工件坐标系，此内容在 2.3.3 中已做详细讲解，不再叙述。

2. 任务实施

1) 工艺分析

(1) 零件技术分析。图 3.19 是齿轮轴的零件图，车削成形达到要求后，还应利用齿轮加工机床对 ϕ44mm 圆柱表面进行齿廓加工，这里不做介绍。

尺寸精度要求分析：图中两端 ϕ25 轴颈与轴承配合部分，是加工中重点保证的部位。

形位精度分析：根据零件的结构和使用要求， ϕ44mm 轴线应与两端轴颈 $\phi25^{+0.005}_{-0.004}$ mm 公共基准轴线同轴，避免齿廓部位在工作中产生径向跳动，保证传动平稳。

(2) 制定加工工艺。

① 加工工序的划分。该零件选用 ϕ50×185mm 的 45 钢棒料毛坯，各处加工余量不均匀。为较好地保证加工质量，减少加工应力变形，应将该工件加工分为两大基本工序，即粗加工工序(去除余量)和半精加工、精加工工序。利用加工工序的划分可适时地安排热处理工艺。

② 装夹方式。

a. 粗加工时采用三爪自定心卡盘装夹，调头车削。第一次装夹要保证外伸长 110mm。掉头装夹时要控制轴向总长度尺寸。

b. 半精加工、精加工时采用双顶尖装夹，保证设计基准和工艺基准重合，即轴心线定位。

③ 加工工序卡，如表 3-4 所示。

表 3-4　齿轮轴的加工工序卡片

工序		工 艺 内 容	刀具	切 削 用 量			装夹方式
				$n/(\mathrm{r \cdot min^{-1}})$	$f/(\mathrm{mm \cdot min^{-1}})$	a_p/mm	
1	第一次装夹	车端面	T01	800	150	见程序	三爪自定心卡盘[见图 3.26(a)]
		车外圆： ϕ25、 ϕ32、 ϕ44 留余量1.5mm，轴向40mm 尺寸留 0.5mm余量	T01	1000	150		
			T01	1000	150		
		钻中心孔(手动)	T02	1500			

工序		工艺内容	刀具	切削用量			装夹方式
				$n/(\text{r} \cdot \text{min}^{-1})$	$f/(\text{mm} \cdot \text{min}^{-1})$	a_p/mm	
2	第二次装夹	车端面：保证总长 175mm	T01	800	150		三爪自定心卡盘 [见图 3.26(b)]
		车外圆：$\phi25$、$\phi32$ 留余量 1.5mm，轴向 30mm 尺寸留 0.5mm 余量	T01	800	150	见程序	
		钻中心孔(手动)	T02	1500			
3	第三次装夹	车削：半精车、精车轴向尺寸 40mm 一侧，$\phi25\text{mm}$，$\phi32\text{mm}$，$\phi44\text{mm}$ 尺寸达到要求	T03	1200	40	见程序	双顶尖装夹 [见图 3.27(a)]
4	第四次装夹	掉头车削成形，各尺寸达到要求	T03	1200	40	见程序	双顶尖装夹 [见图 3.27(b)]

④ 选择机床，确定数控系统。

a．数控机床型号：CK6140。

b．数控系统：FANUC 0i 系统。

⑤ 选择刀具。数控加工刀具卡如表 3-5 所示。

表 3-5　数控加工刀具卡

产品名称或代号				零件名称	齿轮轴	零件图号	03
序号	刀具号	刀具规格名称	数　量		加工表面	刀尖半径 / mm	备注
1	T01	硬质合金 90° 外圆车刀	1		车端面及粗车外圆轮廓		
2	T02	$\phi1.5\text{mm}$ 中心钻	1		钻中心孔		
3	T03	硬质合金 90° 外圆精车刀	1		半精车及精车外圆轮廓		

(3) 加工坐标系的确定。将图 3.26 及图 3.27 中的右端面轴线处分别作为 G54、G55、G56、G57 坐标系的原点，见程序。

2) 加工程序

(1) 粗加工第一次装夹工序如图 3.26(a)所示，加工程序如下：

```
O0001;
N0010 G54;                          选定 G54 坐标系，原点设在工件右端面；
N0020 M03 S800 T0101;
N0030 G00 X55. Z0.;
```

```
N0040 G98 G01 X0. F150;               车端面;
N0050 G00 X50. Z2.;                   快速点定位到循环起点;
N0060 G90 X45.5 Z-106. F150;  ⎫
N0070 X43. Z-55.;             ⎬
N0080 X39.5;                  ⎬      G90 循环车阶梯尺寸φ45.5 和φ33.5;
N0090 X36.;                   ⎬
N0100 X33.5;                  ⎭
N0110 G00 X34.;                       快速点定位到循环起点 (减小 X 向空行程);
N0120 G90 X30. Z-39.5 F150;   ⎫
N0130 X28.;                   ⎬      G90 循环车尺寸φ26.5 阶梯;
N0140 X26.5;                  ⎭
N0150 G00 X100. Z100.;
N0160 M05;
N0170 M30;
```

用 T02 手动钻中心孔。然后，掉头装夹，用 T01 粗加工另一侧，工序如图 3.26(b)所示。

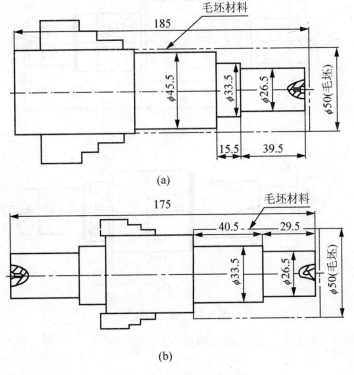

图 3.26　三爪自定心卡盘装夹

(2) 粗加工第二次装夹加工程序如下:

```
O0002;
N0010 G55;                            选定 G55 坐标系,原点设在工件右端面;
N0020 M03 S800 T0101;
N0030 G00 X55. Z0.;
N0040 G98 G01 X0. F150;               车端面;
N0050 G00 X50. Z2.;                   快速点定位到循环起点;
```

```
N0060 G90 X45.5 Z-70. F150;
N0070 X42.;
N0080 X39.;          G90 循环车阶梯尺寸φ33.5；
N0090 X36.;
N0100 X33.5;
N0110 G00 X34.;      快速点定位到循环起点 (减小 X 向空行程)；
N0120 G90 X30. Z-29.5 F150;
N0130 X28.;          G90 循环车尺寸φ26.5 阶梯；
N0140 X26.5;
N0150 G00 X100. Z100.T0100;
N0160 M05;
N0170 M30;
```

用 T02 手动钻中心孔。然后，双顶尖第一次装夹，工序如图 3.27(a)所示。

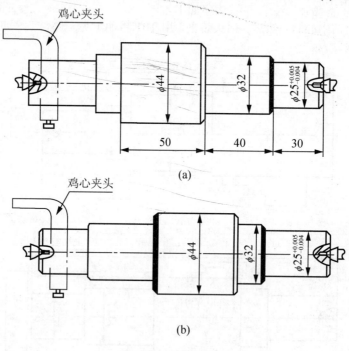

图 3.27　双顶尖装夹

(3) 半精加工、精加工工件右端程序如下：

```
O0003;
N0010 G56;              选定 G56 坐标系,原点设在工件右端面；
N0020 M03 S1200 T0303;
N0030 G00 X25.5 Z1.;    快速点定位到半精车起点；
N0040 G98 G01 Z-30. F40;
N0050 X30.5;
N0060 X32.5 Z-31.;
N0070 Z-70.;            按阶梯轮廓半精车；
N0080 X40.5;
N0090 X46.5 Z-73.;
```

```
N0100 G00 Z0.;
N0110 X21.;                          } 车倒角定位;
N0120 G98 G01 X25. Z-2. F40;
N0130 Z-30.;
N0140 X30.;
N0150 X32. Z-31.;
N0160 Z-70.;                         } 按阶梯轮廓精车;
N0170 X40.;
N0180 X46. Z-73.;
N0190 G00 X100. Z100. T0300;
N0200 M05;
N0210 M30;
```

双顶尖第二次装夹，工序如图 3.27(b)所示。

(4) 半精加工、精加工工件左端程序如下:

```
O0004;
N0010 G57;                           选定 G57 坐标系，原点设在工件右端面;
N0020 M03 S1200 T0303;
N0030 G00 X25.5 Z1.;                 快速点定位到半精车起点;
N0040 G98 G01 Z-40. F40;
N0050 X30.5;
N0060 X32.5 Z-41.;
N0070 Z-55.;                         } 按阶梯轮廓半精车;
N0080 X40.5;
N0090 X44.5 Z-57.;
N0100 Z-107.;
N0110 G00 X45.;
N0115 Z1.;                           } 车倒角定位;
N0120 X21. Z0.;
N0130 G01 X25. Z-2. F40;
N0140 Z-40.;
N0150 X30.;
N0160 X32. Z-41.;
N0170 Z-55.;                         } 按阶梯轮廓精车;
N0180 X40.;
N0190 X44. Z-57.;
N0200 Z-107.;
N0210 G00 X50.;
N0220 X100. Z100. T0300;
N0230 M05;
N0240 M30;
```

3) 仿真加工

完成齿轮轴的仿真加工练习。执行程序 O0001 的仿真加工工件如图 3.28 所示；执行程序 O0002 的仿真加工工件如图 3.29 所示；执行程序 O0003 的仿真加工工件如图 3.30 所示；

执行程序 O0004 的仿真加工工件如图 3.31 所示。

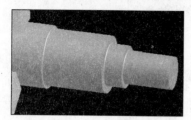

图 3.28　执行程序 O0001 的仿真加工工件

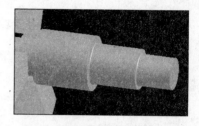

图 3.29　执行程序 O0002 的仿真加工工件

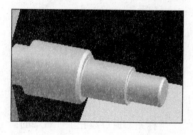

图 3.30　执行程序 O0003 的仿真加工工件

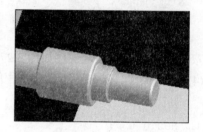

图 3.31　执行程序 O0004 的仿真加工工件

4) 机床操作

按工艺过程安装工件，调整刀具进行加工。

3.2　圆弧面零件的编程与加工

任务目标	1. 掌握零件外轮廓数控车削加工工艺 2. 掌握基本编程指令 G02、G03 及编程方法 3. 掌握数控车床的基本操作方法
内容提示	1. 圆弧倒角零件的编程与加工 2. 圆弧曲面的编程与加工 3. 实训操作(五)　圆弧阶梯轴的编程与加工

3.2.1　圆弧倒角零件的编程与加工

任务：编写如图 3.32 所示零件的程序，并加工此零件。

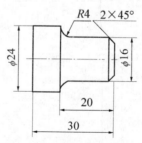

图 3.32　带圆弧倒角的阶梯轴

知识点：此圆弧阶梯轴结构简单、尺寸精度较低，易于加工。可采用三爪自定心卡盘一次装夹加工完成，工艺过程简单。涉及的编程指令包括：圆弧插补指令的用法。

难点：圆弧粗车进给路线的确定，顺逆圆弧的判定方法。

1. 相关知识点

1) 圆弧插补指令 G02/G03

使用圆弧插补指令可使刀具从当前点按圆弧运动轨迹移动到指令规定的终点位置。

指令格式：

```
G02/G03 X__ Z__ R__(I__ K__) F__;
```

其中：

X、Z——圆弧终点坐标，可以用绝对值，也可以用增量值(U、W)表示；

R——圆弧半径，当圆心角不大于 180°时，"R"为正值；当圆心角大于 180°且小于 360°时，"R"为负值；

I、K——为圆弧起点到圆心的 X、Z 轴方向的增量；

F——圆弧插补的进给速度。

说明：

G02 为顺时针圆弧插补，G03 为逆时针圆弧插补。车削加工中，若在 XOZ 平面内进行圆弧插补，须沿圆弧所在平面(即 XOZ 平面)的另一坐标轴(即 Y 轴)的负方向看去，顺时针为 G02，逆时针为 G03。

如图 3.33 中 $A'B'$ 弧顺逆圆的判定：应用右手笛卡儿直角坐标系的原则，判别 y 轴正方向为指向纸面内部(空间向下方)，从 y 轴正向向负向看，$A'B'$ 弧为逆时针圆弧，故用 G03 表示；同理判别 AB 弧时，刀架在主轴的后方，X 轴正向朝上(空间朝后)，判别 y 轴正方向为指向纸面外部(空间向上方)，从 y 轴正向向负向看，AB 弧也为逆时针，故用 G03 表示，二者应该一致。

在实际车削加工中，圆弧顺逆方向的判别方法为：由右向左车削外圆时，凸圆弧为逆时针圆弧，用 G03 指令，凹圆弧为顺时针圆弧，用 G02 指令，简称"凸三凹二"；车削内孔时，顺逆圆方向相反。

图 3.33 中 AB 段圆弧的起点 A 的坐标为(20，0)，终点 B 的坐标为(30，-5)，其圆心坐标为(20，-5)，因此其加工程序可写成：

```
G03 X30.0 Z-5.0 R5.0 F30;
```

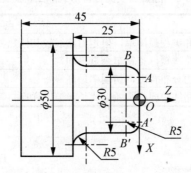

图 3.33　圆弧插补指令

2) 粗车圆弧走刀路线选择

圆弧加工的粗加工切削量不均匀，切削深度过大，容易损坏刀具，在粗加工中要考虑进给路线和切削方法的选择。总体原则是在保证背吃刀量均匀的情况下，减少走刀次数及空行程。具体方法如下：

圆弧表面为凸表面时，通常有两种方法，车锥法(斜线法)和车圆法(同心圆法)。车锥法即用车圆锥的方法切除圆弧毛坯余量，再精车圆弧，如图 3.34(a)所示。采用此方法时，特别要注意车锥时起点和终点的计算。确定不好可能会损坏圆弧表面或将加工余量留得过大。具体确定方法是连接 DC 交圆弧于点 F，过 F 作圆弧的切线 AB。进给路线不能超过 AB 两点的连线，否则会过切，而使工件报废。车锥法一般适用于圆心角小于 $90°$ 的圆弧。此方法数值计算烦琐，但走刀路线较短。

车圆法即用不同的半径切除毛坯余量，如图 3.34(b)所示。此方法的优点在于每次背吃刀量相等，数值计算简单，编程方便，所留加工余量相等，有助于提高精加工质量；缺点是空行程时间较长。此方法适用于圆心角大于 $90°$ 的圆弧粗车。

当圆弧表面为凹表面，其加工方法有等半径圆弧形式(等径不同心)、同心圆弧形式(同心不等径)、梯形形式、三角形形式等，如图 3.35 所示。表 3-6 所示为几种加工方法加工特点的比较。

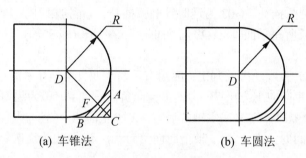

(a) 车锥法   (b) 车圆法

图 3.34 圆弧凸表面车削方式

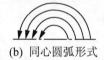

(a) 等径圆弧形式 (b) 同心圆弧形式 (c) 梯形形式 (d) 三角形形式

图 3.35 圆弧凹表面车削方式

表 3-6 圆弧凹表面各种形式加工特点比较

形　式	特　点
等径圆弧形式	计算和编程最简单，但走刀路线较其他几种方式长
同心圆弧形式	走刀路线短，且精车余量最均匀
梯形形式	切削力分布合理，切削率最高
三角形形式	走刀路线较同心圆弧形式长，但比梯形、等径圆弧形式短

2. 任务实施

1) 工艺分析

(1) 凹圆弧粗车加工路线分析。图 3.32 所示为带有凹圆弧倒角的阶梯轴，其粗加工路线一般有两种：即阶梯法、车锥法，如图 3.36 所示，本题采用车锥法粗车凹圆弧。

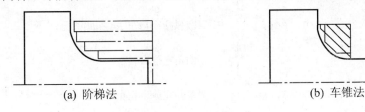

(a) 阶梯法　　　　　　　　(b) 车锥法

图 3.36　凹圆弧倒角的粗加工路线

(2) 数控加工工艺卡如表 3-7 所示。

表 3-7　数控加工工艺卡

工序	工艺内容	刀具	切削用量			加工性质
			$n/(r \cdot min^{-1})$	$f/(mm \cdot min^{-1})$	a_p/mm	
1	车端面	T01	1000	150		
	粗车外圆 $\phi 24$ 留 1mm 余量	T01	1000	150	3.5	粗车
	粗车外圆 $\phi 16$ 留 1mm 余量	T01	1000	150	第一刀: 2.5 第二刀: 1.5	粗车
	车锥法粗车 $R4$ 凹圆弧	T01	1000	150		粗车
2	倒角、精车	T01	1200	80	0.5	精车
	切断	T02	1200	50		

(3) 数控加工刀具卡如表 3-8 所示。

表 3-8　数控加工刀具卡

序号	刀具号	刀具规格名称	数量	加工表面	刀尖半径/mm	备注
1	T01	硬质合金 90° 外圆车刀	1	车端面及粗、精车外圆轮廓		
2	T02	刀宽为 5mm 的切断刀	2	切断工件		

(4) 加工坐标系的确定。加工坐标系的原点建立在工件右端面与轴线的交点处，Z 轴为主轴所在的位置，水平朝右为 Z 的正方向；刀架在前方，X 轴的正向水平朝前。

2) 程序编制

```
O3210;
N010 G54;
N020 M03 S1000 T0101;
N030 G00 X31. Z0.;              车端面;
N040 G98 G01 X0. F150;
N050 G00 X32. Z2.;
N060 G90 X25 Z-35. F150;        粗车外圆φ24至尺寸φ25;
N070  X20. Z-16.;
N080  X17.;                     粗车外圆φ16至尺寸φ17;
N082 G00 X17.5 Z-16.;
N085 G01 X25. Z-20.;            车锥法切去R4凹圆弧处余量;
```

```
N090 G00 Z-16.;        }  粗车 R4 凹圆弧面定位；
N092 X17.;
N094 G02 X25. Z-20. R4.;   用圆弧指令粗车 R4 凹圆弧面；
N095 G00 Z1.;          }
N096 X10.;                 车倒角定位；
N100 S1200.;
N110 G01 X16. Z-2.F80;     倒角并完成半精车加工；
N120 Z-16.;
N130 G02 X24. Z-20. R4.;   精车 R4 凹圆弧；
N140 G01 (Z-30)Z-35.;
N150 G00 X35.;
N160 X100. Z100.;
N170 T0202.;
N180 G00 X32.Z-35.;    }
N190 G01 X0. F50;          调 2 号刀并切断；
N200 G00 X40.;
N210 X100. Z100. T0200;
N220 T0101;
N230 M03 M30;
```

3) 仿真加工

执行程序 O3210 的仿真加工零件如图 3.37 所示。

图 3.37　仿真零件

3.2.2　圆弧曲面的编程与加工

任务：完成图 3.38 所示零件的程序编制。

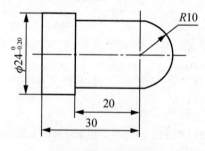

图 3.38　球头轴

知识点：此球头轴结构简单、尺寸精度较低，易于加工。可采用三爪自定心卡盘一次装夹加工完成，工艺过程简单。进一步熟悉圆弧插补指令的用法及凸圆弧粗车工艺路线。

难点：凸圆弧曲面粗加工工艺路线的确定。

1. 相关知识点

1) 凸圆弧曲面粗加工工艺路线的确定

凸圆弧曲面加工需多次走刀去除余量时，为减少编程数值计算，多数采用同心圆切削法，如图 3.39 所示。各次切削同心圆半径的确定方法如下。

在图 3.39 的坐标系中，由 $\phi 20$ 圆柱体加工成 $SR10$ 半球形的最大加工余量为 4.14mm（$\sqrt{2}\,SR\text{-}SR$），分两次切削去余量，留 0.5mm 半精加工余量，取 R_1=12，R_2=10.5，则同心圆加工时的起点、终点的坐标为：

	起点坐标	终点坐标
R_1=12	X0，Z2	X24，Z-10
R_2=10.5	X0，Z0.5	X21，Z-10

2) 凹圆弧曲面粗加工工艺路线的确定

凹圆弧曲面加工需多次走刀去余量时，为减少编程数值计算多数采用等半径圆切削法，如图 3.40 所示，各次切削等半径圆圆心坐标的确定如下。

在图 3.40 的坐标系中，由 $\phi 40$ 圆柱体加工成 $R20$ 凹圆弧曲面的最大单边加工余量为 6.77mm。其几何计算是：余量=20-ac，ac 可由 $\triangle abc$ 利用勾股定理求得。采用 $R20$ 的等半径圆弧分两次切削去余量，留 0.5mm 半精加工余量，第 1 次走刀单边去余量 3.77，第 2 次走刀单边去余量 2.5，则两次走刀的起点、终点的坐标为

	起点坐标	终点坐标
第 1 次去余量 3.77	X46，Z-10	X46，Z-40
第 2 次去余量 2.5	X41，Z-10	X41，Z-40

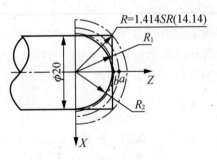

图 3.39　凸圆弧曲面粗加工路线

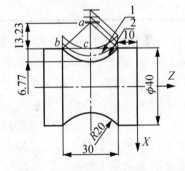

图 3.40　凹圆弧曲面粗加工路线

2. 任务实施

1) 工艺分析

(1) 零件技术分析。图 3.38 工件的主要加工表面应为 $\phi 24$、$\phi 20$ 的圆柱面及右端球头面。精度要求分析：

$\phi 24_{-0.2}$、$\phi 20$ 轴径尺寸精度要求较低，且表面粗糙度要求低(无 Ra 要求)，无形位公差要求，故粗车、半精车即可达到要求。

(2) 制定加工工艺。

① 工艺过程描述。该零件选用的是 $\phi 30mm$ 的 45 钢棒料毛坯。为较好地保证加工质量，应采用三爪自定心卡盘一次装夹加工完成。注意，装夹要保证外伸长 50mm 以上。

② 加工顺序的确定。

粗加工：先车端面；再粗车外圆成阶梯轴：$\phi 24mm$，长 45mm 和 $\phi 20mm$，长 30mm；最后加工右端球面，粗加工留余量 1mm。

半精加工：车成形至要求并切断。

③ 确定切削用量。根据被加工材料的性能、选用刀具材料性能、机床性能、加工工艺及加工要求，依据经验并结合实际加工条件确定切削用量如下。

粗加工：中碳钢一般取背吃刀量 $a_p \leqslant 3.5mm$（单边余量）；进给速度 $f = 150mm/min$，主轴转速 $n = 1000r/min$。

半精加工：取背吃刀量 $a_p = 0.5mm$，进给速度 $f = 80mm/min$，主轴转速 $n = 1200r/min$。

(3) 选择机床，确定数控系统。

① 数控机床型号：CK6140。

② 数控系统：FANUC 0i 系统。

(4) 选择刀具。数控加工刀具卡如表 3-9 所示。

表 3-9　数控加工刀具卡

产品名称或代号			零件名称		零件图号		
序号	刀具号	刀具规格名称	数量	加工表面	刀尖半径/mm	备注	
1	T01	硬质合金 90° 外圆车刀	1	车端面及粗、精车外圆轮廓			
2	T02	刀宽 5mm、槽深 30mm 的切断刀	1	切断			

(5) 加工坐标系的确定及尺寸计算。坐标系的原点选择在工件的右端面与轴线的交点处。

采用前述方法分析球头面圆弧粗车路线，计算切削总余量为 4.14mm，分两次切削去余量，留 0.5mm 半精加工余量，第 1 次走刀单边去余量 2.14mm，第 2 次走刀单边去余量 1.5mm。则两次走刀的起点、终点的坐标为

	起点坐标	终点坐标
第 1 次去余量 2.14	X0，Z2	X24，Z-10
第 2 次去余量 1.5	X0，Z0.5	X21，Z-10

2) 数控加工程序

```
O3220;
G54;                          G54 设定工件坐标系;
M03 S1000 T0100;
G00 X32. Z0.;
G01 G98 X0. F150;             车端面;
G00 X32. Z2.;                 快速点定位到循环起点;
G90 X25. Z-45. F150;     ⎫
X21.Z-30.;                 ⎬   G90 循环去余量;
                           ⎭
```

```
G00 X0. Z2.;                        粗车 R12 圆弧球面定位;
G03 X24.Z-10.R12.;                  同心圆切削去余量, R12;
G00 Z0.5;
X0.;                                为粗车 R10.5 圆弧球面定位;
G03 X21. Z-10. R10.5;               同心圆切削去余量, R10.5;
G00 Z0.;
X0.;                                精车定位;
S1200;
G03 X20. Z-10. R10. F80;            精车 R10 圆弧球面;
G01 Z-30.;
X24.;                               按轮廓精车;
Z-45.;
G00 X40.;
X100. Z100.;
T0202;
G00 X32. Z-45.;
G01 X0. F50;                        调 2 号刀并切断;
G00 X40.;
X100. Z100. T0200;
T0100;
M05 M30;
```

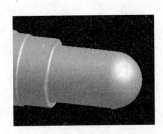

图 3.41　仿真零件

3) 仿真加工

执行程序 O3220 的仿真加工零件如图 3.41 所示。

3.3　螺纹零件的编程与加工

任务目标	1. 掌握螺纹件的数控车削加工工艺及编程方法 2. 掌握螺纹件车削的基本操作方法
内容提示	1. 螺纹阶梯轴的编程与加工 2. 机构连杆的编程与加工 3. 实训操作(六)　螺纹阶梯轴的编程与加工

3.3.1　螺纹阶梯轴的编程与加工

任务：编写如图 3.42 所示螺纹阶梯轴的程序，并加工此零件。

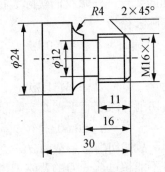

图 3.42　螺纹阶梯轴

知识点：此阶梯轴为带有螺纹的简单阶梯轴，尺寸精度较低。可采用三爪自定心卡盘一次装夹加工完成，工艺过程简单。涉及的编程指令包括：螺纹加工指令 G32、G92。

难点：螺纹参数的计算。

1. 相关知识点

1) 螺纹加工指令 G32

用于加工固定导程的圆柱螺纹或圆锥螺纹，也可用于加工端面螺纹，其走刀路线如图 3.43 所示，螺纹切削路线如图 3.43(a)、(b)中的步骤②所示。

指令格式：

```
G32 X(U)__Z(W)__F__;
```

其中：

X、Z——螺纹切削终点的 X、Z 向坐标值，X 为直径值；

U、W——螺纹切削终点相对切削始点的 X、Z 向增量值，U 为直径值；

F——螺纹导程，mm。

【特别提示】

车削螺纹时，由于伺服电动机由静止到匀速运动有一个加速过程(加速时间取决于主轴转速)，停止时，有一个减速过程，使螺纹切削在开始及结束部分出现导程不正确的现象。因此，必须设置适当的刀具引入距离(升速段) δ_1 和刀具切出距离(降速段) δ_2，如图 3.43(a)、(b)所示。δ_1 一般取 2~5mm，对于大螺距和高精度的螺纹，δ_1 取大值；δ_2 一般取 δ_1 的 1/4~1/2。

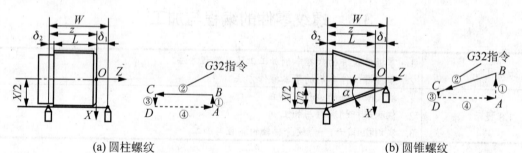

(a) 圆柱螺纹   (b) 圆锥螺纹

图 3.43 单行程螺纹切削指令 G32 进刀路径

为保证内、外螺纹相互旋和的要求，外螺纹的实际大径应略小于理论值。车普通外螺纹前，可根据经验公式计算其实际大径为

$$d_大 \approx M-0.1p \tag{3-1}$$

小径的计算公式为

$$d_小 \approx M-1.3p \tag{3-2}$$

再计算牙高，加工螺纹时，单边切削总深度等于螺纹实际牙型高度，一般取

$$h_实 = 0.60p \tag{3-3}$$

由于数控系统一般采用直径编程，故其切削总余量为 $d_大-d_小$。根据螺纹的加工质量要求，车削时应遵循后一刀的背吃刀量不能超过前一刀的背吃刀量的原则，即按照递减的背吃刀

量分配原则，确定径向进给次数及背吃刀量，否则会因切削面积的增加、切削力过大而损害刀具。常用螺纹加工中的进给次数及背吃刀量，可参考表 3-10。

表 3-10　常用螺纹加工进给次数与背吃刀量

公　制　螺　纹/mm							
螺　　距	1.0	1.5	2.0	2.5	3.0	3.5	4.0
实　际　牙　深	0.60	0.9	1.2	1.5	1.8	2.1	2.4
切深(双边)	1.2	1.8	2.4	3	3.6	4.2	4.8
进给次数及背吃刀量	1 次	0.7	0.8	0.9	1.0	1.2	1.3	1.3

公　制　螺　纹/mm								
螺　　距		1.0	1.5	2.0	2.5	3.0	3.5	4.0
实　际　牙　深		0.60	0.9	1.2	1.5	1.8	2.1	2.4
切深(双边)		1.2	1.8	2.4	3	3.6	4.2	4.8
进给次数及背吃刀量	1 次	0.7	0.8	0.9	1.0	1.2	1.3	1.3
	2 次	0.4	0.6	0.6	0.7	0.7	0.7	0.8
	3 次	0.1	0.3	0.5	0.5	0.6	0.6	0.6
	4 次		0.1	0.3	0.4	0.4	0.5	0.6
	5 次			0.1	0.3	0.3	0.4	0.4
	6 次				0.1	0.3	0.4	0.4
	7 次					0.1	0.2	0.3
	8 次						0.1	0.3
	9 次							0.2

在数控车床上加工螺纹时的进刀方法通常有直进法、斜进法。螺距>3mm 时，一般采用斜进法，如图 3.44 所示；当螺距<3mm 时，一般采用直进法，如图 3.45 所示。

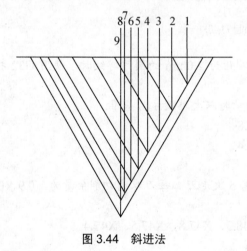

图 3.44　斜进法　　　　　　　　　　图 3.45　直进法

【例 3-4】　如图 3.46 所示，使用 G32 指令编程，加工 M30×1.5 螺纹，其加工程序编制方法如下：

(1) 计算螺纹大小径：

螺纹大径：$d_大 ≈ M - 0.1p = 30 - 0.1 × 1.5 = 29.85$

螺纹小径：$d_小 ≈ M - 1.3p = 30 - 1.3 × 1.5 = 28.05$

(2) 计算每次切削的走刀余量：

查表 3-10 可知：M30×1.5 螺纹加工需 4 次走刀。每刀双边切削余量为：0.8、0.6、0.3、0.1。

则每次加工的 X 坐标为：X29.05、X28.45、X28.15、X28.05。

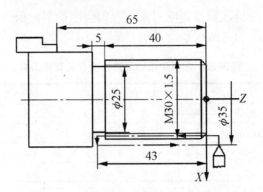

图 3.46　螺纹件的加工

(3) 加工程序：

```
O3301;
……;
N050 G00 X35.0. Z5.0 ;        快速点定位；
N060 G01 X29.05. F200;        径向进刀到一次走刀深度；
N070 G32 Z-43.0 F1.5;         螺纹切削，螺距 1.5；
N080 G00 X35.0;               X 向退刀；
N100 Z5.0;                    返回起刀点；
N110 G01 X28.45 F200;         径向进刀到二次走刀深度；
N120 G32 Z-43.0 F1.5;         螺纹切削，螺距 1.5；
N130 G00 X35.;                X 向退刀；
N140 Z5.0;                    返回起刀点；
……;
```

【例 3-5】　如图 3.47 所示，加工 ϕ50，螺距为 2.0mm 的圆锥螺纹时，使用 G32 指令编程，其加工程序编制方法如下：

(1) 计算螺纹大小径：圆锥螺纹加工、测量时以大端尺寸为基准。

螺纹大径：$d_{大} \approx M-0.1p=50-0.1 \times 2.0=49.8$

螺纹小径：$d_{小} \approx M-1.3p=50-1.3 \times 2.0=47.4$

(2) 计算每次走刀切削余量：

查表 3-10 可知：螺距为 2.0 的螺纹加工需 5 次走刀。每刀双边切削余量为：0.9、0.6、0.5、0.3、0.1。

则每次走刀的 X 坐标尺寸为：X48.9、X48.3、X47.8、X47.5、X47.4。

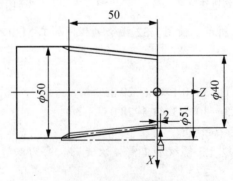

图 3.47　圆锥螺纹件

(3) 程序编制如下：

```
O3302;
......;
N050 G00 X51.0. Z2.0;          快速点定位；
N060 G01 X39.6 F200;           径向进刀到一次走刀深度；
N070 G32 X48.9 Z-50.0 F2.0;    螺纹切削，螺距2.0；
N080 G00 X51.0;                X向退刀；
N100 Z2.0;                     返回起刀点；
N110 G01 X39. F200;            径向进刀到二次走刀深度；
N120 G32 X48.3 Z-50.0 F2.0;    螺纹切削，螺距2.0；
N130 G00 X51.0;                X向退刀；
N140 Z2.0;
```

2) 螺纹切削循环指令 G92

G92 指令用于单一螺纹切削循环加工，其循环路线与内外径单一固定循环路线基本相同，车圆柱螺纹刀具循环路径如图 3.48(a)所示，车圆锥螺纹刀具循环路径如图 3.48(b)所示。循环路径中除螺纹车削②为进给运动，其他运动(①为自循环始点进刀、③为自螺纹切削终点 X 向退刀、④为 Z 向退刀至循环始点)均为快速运动。该指令是切削圆柱螺纹和圆锥螺纹时使用最多的螺纹切削指令。

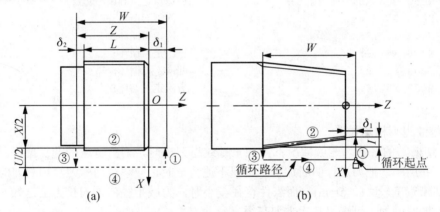

图 3.48 螺纹切削循环指令 G92

指令格式：

```
G92 X(U)__Z(W)__ I__ F__;
```

其中：

X、Z——螺纹切削终点的绝对坐标；

U、W——螺纹切削终点相对于循环始点的增量值；

I——车削锥螺纹时，切削始点半径与切削终刀点半径之差(加工圆柱螺纹时 I 为零，可以省略)；

F——螺纹导程，mm。

【例3-6】 如图 3.46 所示，使用 G92 指令编程，加工 M30×1.5 螺纹，编写其加工程序。

螺纹尺寸和切削参数计算见例 3-4。其加工程序段如下：

```
O3303;
……;
N050 G00 X35.0.Z5.0;              快速点定位(循环起点)；
N060 G92 X29.05. Z-43.0 F1.5;     一次走刀循环；
N070    X28.45;                    二次走刀循环；
N080    X28.15;                    三次走刀循环；
N090    X28.05;                    四次走刀循环；
……;
```

【例 3-7】 如图 3.47 所示，加工 ϕ50，螺距为 2.0mm 的圆锥螺纹时，使用 G92 指令编程，编写其加工程序。

螺纹锥度参数 I：根据循环始点的位置 Z2.0，则始点 X 尺寸为

X=40-0.4=39.6

I=(39.6-50)/2=-5.2

螺纹尺寸和切削参数计算见例 3-5。其加工程序段如下：

```
O3304;
……;
N050 G00 X51.0. Z2.0;             快速点定位到循环起点；
N060 G92 X48.9 Z-50 I-5.2 F2.0;   一次走刀循环；
N070    X48.3;                     二次走刀循环；
N080    X47.8;                     三次走刀循环；
N090    X47.5;                     四次走刀循环；
N100    X47.4.;                    五次走刀循环；
……;
```

3) 螺纹退刀槽的加工

(1) 切槽刀的选择。一般情况下，加工螺纹退刀槽时，刀具宽度的选择应满足刀宽等于槽宽，并用同一把刀进行切断加工。出现下述情形时，应注意切槽刀与切断刀的关系：

当切槽宽度较大(>5mm)，而工件直径较小时，为减小径向走刀抗力应选较小的切槽刀宽度，槽宽的加工可采用多次走刀获得。

当切槽宽度较小，而工件直径较大时，切槽刀宽度选定后，要检查该刀允许的切槽深度是否大于工件半径，不满足切断要求时，应单独选择其他类型(或非标准刀具)的切断刀。

(2) 退刀槽的切削方法。编程时，一般以切槽刀的左刀尖为刀位点，确定切槽定位点的坐标时，应考虑加上一个刀宽。切宽度较大的槽时，应考虑选择适当的刀宽，并分两刀或多刀进行切削。

2. 任务实施

1) 工艺分析

本任务是在图 3.32 带圆弧倒角的阶梯轴的基础上增加了切槽和螺纹加工形成的，任务实施的内容基本相同，此处不再重复。

本任务螺纹阶梯轴的加工工艺过程是：粗车、半精车外轮廓至尺寸要求，切槽，车螺纹，切断。

加工 M16×1 螺纹部分时，螺纹大小径计算：

螺纹大径：$d_大 \approx M-0.1p=16-0.1 \times 1.0=15.9$

螺纹小径：$d_小 \approx M-1.3p=16-1.3 \times 1.0=14.7$

查表 3-10 可知：M16×1.0 螺纹加工需 3 次走刀。每刀双边切削余量为：0.7、0.4、0.1，则每次走刀 X 坐标尺寸为：X15.2、X14.8、X14.7。

2) 加工程序

```
O3210;
N010 G54;
N020 M03 S1000 T0101;
N030 G00 X31. Z0.;              车端面；
N040 G01 X0. F150 G98;
N050 G00 X32. Z2.;
N060 G90 X25 Z-35. F150;        粗车外圆φ24 至尺寸φ25；
N070    X20. Z-16.;
N080    X17.;                   粗车外圆φ16 至尺寸φ17；
N082 G00 X17.5 Z-16.;
N085 G01 X25. Z-20.;            斜线切削去 R4 凹圆弧处余量；
N090    G00 Z1.;
N095    X10.;
N100    S1200.;
N110 G01 X15.9 Z-2.F80;         倒角并完成半精车加工；
N120    Z-16.;
N130 G02 X24. Z-20. R4.;        车 R4 凹圆弧去余量；
N140 G01 Z-35.;
N150 G00 X35.;
N160    X100. Z100.;
N170 T0202;
N180 G00 X17. Z-16.;            切槽定位；
N190 G01 X12. F50 ;             切螺纹退刀槽；
N200 G00 X40.;
N210    X100. Z100. T0200;
N220 T0303;
N230 G00 X18. Z3.;              快速定位到螺纹循环起点；
N240 G92 X15.2 Z-13. F1.0;      螺纹循环车削；
N250    X14.8;
N260    14.7;
N270    14.7;                   无切削修光；
N280 G00 X100. Z100. T0300;
N290 T0202;
N300 G00 X26. Z-35.;            切断定位；
N320 G01 X0. F50;               切断；
N330 G00 X50.;
N340    X100. Z100. T0200;
N350 M05 M30;
```

数控车削技术

3) 仿真加工

执行程序 O3210 的仿真加工零件如图 3.49 所示。

图 3.49　仿真加工螺纹件

3.3.2　机构连杆的编程与加工

任务：完成如图 3.50 所示机构连杆的编程与加工。

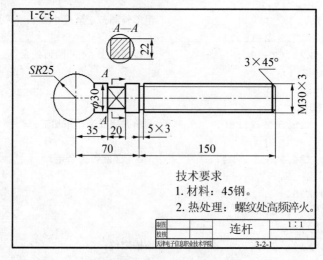

图 3.50　任务工作图 3-2-1

知识点：此阶梯轴结构较复杂，需采用掉头装夹。尺寸精度较低，易于保证。该工件的加工涉及外螺纹加工工艺、外螺纹刀具和外螺纹刀具安装找正知识，并应用 G92 指令进行外螺纹加工。

难点：外螺纹刀具的安装与找正方法。

1.　相关知识点

1) 球头面的加工方法

球头面的加工可根据工件轴向尺寸不同，选择不同的装夹方式和车削工艺，如图 3.51 所示。

当工件轴向尺寸较长时，一般采用调头车削，两次装夹的加工方法，如图 3.51(b)所示，使用三爪自定心卡盘、尾顶尖装夹，先加工轴径部分到尺寸，然后切槽，再加工右半部球面。调头，夹持轴径部分车削加工左半部球面。

92

当工件轴向尺寸较短时，可采用一次装夹，使用左、右外圆偏刀分别加工左右部圆弧球面，如图 3.51(c)所示。选择较长坯料留出夹持工艺余料，粗车外圆，加工右部球面，切槽(加工轴颈)，调左偏刀加工左部球面，再调右偏刀加工轴径，最后切断。

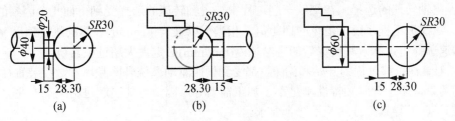

图 3.51　球头面加工方法

2) 螺纹车削知识

数控车床可以加工的螺纹种类有很多，几乎包括了所有零件上的螺纹种类；由数控系统控制螺距的大小和精度，免去了计算和更换挂轮的麻烦，螺距精度高且不会出现乱扣现象；螺纹切削回程实现快速移动，切削效率大幅提高；专用数控螺纹切削刀具、较高切削速度的选用，又进一步提高了螺纹的形状和表面质量。

(1) 螺纹类零件的装夹。螺纹切削过程中，无论采用何种进刀方式，螺纹切削刀具经常是有两个或者两个以上的切削刃同时参与切削，与前面所讨论的槽加工相似，会产生较大的径向切削力，容易使工件松动。因此，在螺纹类零件的装夹方式上，还是建议采用软爪且增大夹持面或者一顶一夹的装夹方式，以保证在螺纹切削过程中不会因工件松动而造成螺纹乱牙、工件报废的现象。

(2) 刀具与进刀方式选择。螺纹刀具切削部分的材料主要有硬质合金和高速钢两类。刀具分整体式、焊接式和机夹可转位式三种类型。

数控车床上车削普通三角螺纹一般选用精密级机夹可转位不重磨螺纹车刀，这种螺纹刀具的使用要根据螺纹的螺距选择刀片的型号，每种规格的刀片只能加工一个固定的螺距。数控外螺纹车刀如图 3.52 所示。

图 3.52　数控外螺纹车刀

(3) 切削用量的选择。在螺纹加工中，背吃刀量等于螺纹车刀切入工件表面的深度，如果其他刀刃同时参与切削应为各刀刃切入深度之和。由此可以看出，随着螺纹车刀的每次切入，背吃刀量在逐渐地增加。受螺纹牙型截面大小和深度的影响，螺纹切削的背吃刀量 a_p 可能是非常大的。要使螺纹加工切削用量的选择搭配比较合理，必须合理地选择切削速度和进给量。

① 背吃刀量 a_p(切削深度)的选择。螺纹切削的进给量相当于加工中的每次切深。螺纹车削每次切深的确定要根据工件材料、工件刚度、刀具材料和刀具强度等诸多因素综合考虑，依靠经验，通过试车来确定。每次切深过小会增加走刀次数，影响切削效率，同时加

剧刀具磨损；切深过大又容易出现扎刀、崩尖及螺纹掉牙现象。为避免上述现象发生，螺纹加工的每次切深一般都是递减的，即随着螺纹深度增加，要相应地减小背吃刀量 a_p。建议参照表 3-10 选取。

② 主轴转速的选择。在螺纹车削过程中，主轴转速的选择受到下面几个因素的影响：

a. 螺纹加工程序段中指令的螺距值，相当于以进给量(mm/r)表示的进给速度 f，如果主轴转速选择得过高，其换算后的进给速度(mm/min)必定大大超过正常值。

b. 刀具在位移过程的开始和结束，都受到伺服驱动系统升降频率和数控装置插补运算速度的约束，由于升降频特性满足不了加工需要等原因，可能引起进给运动产生"超前"和"滞后"，而导致部分螺距不符合要求。

c. 螺纹车削必须通过主轴的同步功能实现，需要有主轴脉冲发生器(编码器)。若主轴转速选择得过高，通过编码器发出的定位脉冲可能因"过冲"而导致工件螺纹产生乱牙现象。

根据上述现象，螺纹加工时主轴转速的确定应遵循以下原则：

a. 在保证生产效率和正常切削的情况下，选择较低的主轴转速。

b. 当螺纹加工程序段中的升速进刀段和降速退刀段的长度值较大时，可选择适当高一些的主轴转速。

c. 当编码器所规定的允许工作转速超过机床所规定的主轴最大转速时，可选择较高一些的主轴转速。

(4) 外螺纹车刀的装夹。外螺纹车刀安装得正确与否，对螺纹牙型有很大的影响。即使刀尖角刃磨十分准确，车削后的牙型仍然会产生误差。例如，车刀安装的左右歪斜，车出的螺纹会出现两牙型半角不相等的倒牙现象。又如，车刀装得偏高或偏低，将使螺纹牙型角产生误差。

外螺纹车刀安装要求：

① 螺纹车刀刀尖与车床主轴轴线等高，一般可根据尾座顶尖高度调整和检查。为防止高速车削时产生振动和"扎刀"，外螺纹车刀刀尖也可高于工件中心 0.1~0.2mm，必要时可采用弹性刀柄螺纹车刀。

② 使用螺纹对刀样板校正螺纹车刀的安装位置如图 3.53 所示，确保螺纹车刀的两刀尖半角的对称中心线与工件轴线垂直。

③ 螺纹车刀伸出刀架不宜过长，一般伸出长度为刀柄高度的 1.5 倍。

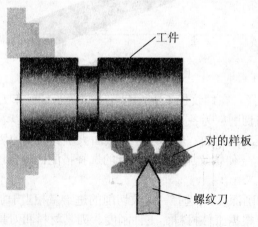

图 3.53　螺纹车刀的安装位置的校正

2. 任务实施

1) 工艺分析

(1) 零件技术分析。该零件是曲柄滑块机构中的可调节连杆,没有特殊的加工要求。从零件的结构形状分析,加工表面由球表面、螺纹表面、沟槽和圆柱形表面组成。为完成这些表面加工,应选用不同类型的刀具。

(2) 制定加工工艺。加工过程描述:该零件从总体结构分析属于细长轴类零件,为解决加工刚度不足问题,可采用一夹一顶的装夹方式进行切削加工。第一次装夹时,夹持球头毛坯部分,完成右端全部加工内容,掉头用软爪或垫套夹持 $\phi30$mm 的圆柱部分,加工球头部分至要求。最后安排铣削工序加工轴向尺寸 20mm 处。

加工顺序的确定:根据零件的尺寸要求,选用尺寸为 $\phi55\times250$mm 的 45 钢毛坯。

① 车端面:三爪自定心卡盘装夹,外伸出 30mm 左右,手动车端面,抛光见平即可。

② 钻中心孔(手动)。

③ 车削 $\phi30$mm 外圆柱表面到尺寸,车削右半球成形。装夹方式:一夹一顶,如图 3.54 所示。

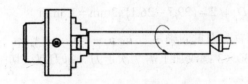

图 3.54　一夹一顶装夹方式

④ 切槽。

⑤ 车螺纹。

⑥ 车端面:掉头装夹,三爪夹持 $\phi30$mm 圆柱部分,如图 3.55 所示。手动车削,保证总长并留尺寸 0.5mm 余量。注意留足外伸量,防止车削球表面时,刀具碰撞三爪自定心卡盘。

⑦ 车削:加工 SR25mm 球面至要求。

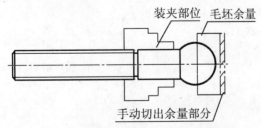

图 3.55　掉头二次装夹

(3) 确定切削用量。根据被加工工件材料性能和刀具性能,按经验确定车外圆及球面时,主轴转速 $n=800$r/min;切槽时主轴转速 $n=400$r/min。粗加工时的进给速度 $f=120$mm/min;精加工及切削球头时 $f=40$mm/min,车螺纹时 $n=200$r/min。

(4) 选择刀具。数控加工刀具卡如表 3-11 所示。

表 3-11 数控加工刀具卡

产品名称或代号				零件名称		零件图号	
序号	刀具号	刀具规格名称	数量	加工表面	刀尖半径/mm	备注	
1	T01	硬质合金90°外圆车刀	1	车端面及粗、精车外圆轮廓			
2	T02	硬质合金刀宽3mm的切槽刀	1	切槽		以左刀尖为基准	
3	T03	硬质合金60°螺纹刀	1	车螺纹			

(5) 选择机床，确定数控系统。

① 数控机床型号：CK6140。

② 数控系统：FANUC 0i 系统。

(6) 螺纹尺寸计算与走刀次数的确定。

① 螺纹尺寸计算。

螺纹大径：$D_大 = D_{公称} - 0.1P = (30 - 0.1 \times 3)\text{mm} = 29.7\text{mm}$

螺纹小径：$D_小 = D_{公称} - 1.3P = (30 - 1.3 \times 3)\text{mm} = 26.1\text{mm}$

牙全高：$h = (D_大 - D_小)/2 = (29.7 - 26.1)/2\text{mm} = 1.8\text{mm}$

② 螺纹走刀次数与背吃刀量的确定。

查表 3-10 可知：M30×3 螺纹加工需 7 次走刀。每刀双边切削余量为：1.2、0.7、0.6、0.4、0.3、0.3、0.1。

则每次走刀的 X 坐标尺寸为：X28.5、X27.8、X27.2、X226.8、X26.5、X26.2、X26.1。

2) 数控加工程序

(1) 第一次装夹，加工带螺纹一侧，装夹方式为"一夹一顶"。装夹时注意坯料的外伸量，防止加工内侧球面时发生碰撞干涉，应保证外伸量在 225mm 以上。

```
O0005;
N0010 G50 X200. Z100.;
N0020 M03 S800 T0101;
N0030 G00 X56. Z2.;
N0040 G90 G98 X51. Z-226. F120;
N0050 X47. Z-200.;
N0060 X44.5;
N0070 X41.;                    G90 循环粗车、半精车外圆部位;
N0080 X38.;
N0090 X36.;
N0100 X33.;
N0110 X30.5;
N0120 G00 X24. Z0.;            定位倒角起点;
N0130 G01 X29.7 Z-3. F40;
N0140 Z-150.;
N0150 X30.;                    倒角及精车外圆;
N0160 Z-200.;
N0170 X47.;
```

```
N0180 X51. Z-221.;
N0190 G00 Z-200.;
N0200 X44.;
N0210 G01 X51. Z-215.;
N0220 G00 Z-200.;
N0230 X40.;
N0240 G01 X51. Z-210.;          斜线切削去右侧半球余量;
N0250 G00 Z-200.;
N0260 X36.;
N0270 G01 X51. Z-208.;
N0280 G00 Z-200.;
N0290 X31.;
N0300 G01 X51. Z-205.;
N0310 G00 Z-200.;
N0320 X30.;                     圆弧起点定位;
N0330 G03 X50. Z-220. R25. F30; 车右侧半球;
N0340 G00 X200. Z100. T0100;
N0350 T0202 S400;               切槽;
N0360 G00 X31. Z-150.;
N0370 G01 X24. F40;
N0380 G04 X1.0;
N0390 G00 X31.;
N0400 Z-148.;                   多次走刀切 20mm 宽槽;
N0410 G01 X24. F40;
N0420 G04 X1.0;
N0430 G00 X50.;
N0440 X200. Z100. T0200;
N0450 T0303 S200;               调 3 号刀加工螺纹;
N0460 G00 X31. Z5.;
N0470 G92 X28.5 Z-148. F3;
N0480 X27.8;
N0490 X27.2;
N0500 X26.8;
N0510 X26.5;                    G92 循环车螺纹;
N0520 X26.2;
N0530 X26.1;
N0540 G00 X200. Z100. T0300;
N0550 M05;
N0560 M30;
```

(2) 第二次装夹，掉头用软爪夹持 ϕ30mm 光圆柱部分，车削 *SR*25mm 球头(同心圆法粗加工球头部分)。

```
O0006;
N0010 G50 X100. Z100.;
N0020 M03 S800 T0101;
N0030 G00 X56. Z2.;
```

```
N0040 G90 G98 X51. Z-27. F120;          G90 循环去余量;
N0050 G00 X0. Z7.5;
N0060 G03 X65.Z-25. R32.5 F120;  ⎫
N0070 G00 Z5.;                   ⎪
N0080 X0.;                       ⎪
N0090 G03 X60. Z-25. R30.;       ⎪
N0100 G00 Z2.5;                  ⎪
N0110 X0.;                       ⎪
N0120 G03 X55. Z-25. R27.5;      ⎬  同心圆法加工球头部分;
N0130 G00 Z0.5;                  ⎪
N0140 X0.;                       ⎪
N0150 G03 X51. Z-25. R25.5;      ⎪
N0160 G00 Z0.5;                  ⎪
N0170 X0.;                       ⎭
N0180 G01 Z0. F40;
N0190 G03 X50. Z-25. R25. F40;
N0200 G01 Z-27.;
N0210 G00 X100. Z100.;
N0220 M05;
N0230 M30;
```

3) 仿真加工

执行程序 O0005 的仿真加工零件如图 3.56 所示， 执行程序 O0006 的仿真加工零件如图 3.57 所示。

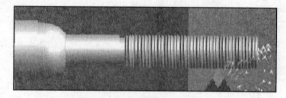
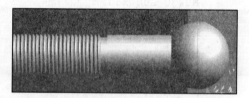

图 3.56 执行程序 O0005 的仿真加工零件   图 3.57 执行程序 O0006 的仿真加工零件

3.4 滑阀阀芯的编程与加工

任务目标	1. 掌握沟槽类零件的加工工艺与编程方法 2. 学会使用子程序编程 3. G04 指令的用法
内容提示	1. 滑阀阀芯的编程与加工 2. 实训操作(七) 不等距槽零件的编程与加工

任务：完成图 3.58 中滑阀阀芯的编程与加工。

知识点：此工件结构简单，有相同的形状结构，应用子程序编程，可以简化加工程序。

难点：子程序中，相对坐标的合理运用。

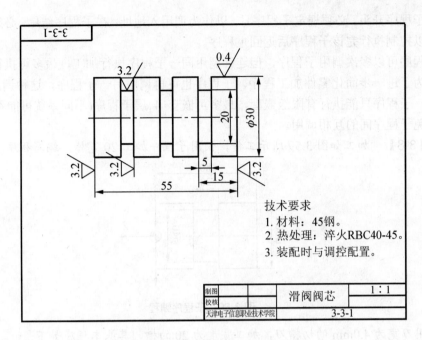

图 3.58　任务工作图 3-3-1

1.　相关知识点

1)　子程序的定义

在编制加工程序中，有时会遇到一组程序段在一个程序中多次出现，或在几个程序中重复使用的情况，可以把这组程序从程序中独立出来，并加以命名，成为独立的新程序，并存储起来，称为子程序。使用子程序可以减少不必要的编程重复，从而达到简化编程的目的。

2)　子程序的调用

子程序可以在存储器方式下调出使用，主程序可以调用子程序，一个子程序也可以调用下一级的子程序。子程序必须在主程序结束后建立，其作用相当于一个固定循环，子程序执行完后返回到主程序中调用子程序的程序段的下一程序段运行。

子程序的调用格式如下：

　　M98　P+8 位数字

其中，P 为被调用子程序地址字，后 8 位数字中的前 4 位为重复调用的次数。后 4 位为子程序名。如 P0004 0100，0004 为重复调用 4 次，0100 为子程序名。

子程序的格式与主程序相似，二者的区别在于：子程序结束使用 M99，并实现从子程序返回主程序的功能，如下所示的 O0100 号子程序。

　　O0100;
　　……;
　　……;
　　M99;

在子程序开头，必须规定子程序号，以作为调用入地址；在子程序结尾，必须使用 M99 指令，以控制执行完该子程序后返回主程序。

主程序可以多次调用子程序，但连续调用同一子程序执行加工，最多可执行 999 次。另外，为了进一步简化零件加工程序，子程序也可再调用另一子程序，这种调用称为子程序嵌套，子程序只能执行有限级嵌套，最多可嵌套 4 层子程序(不同系统可能不同)，应该尽量避免子程序间的互相调用。

【例 3-8】 加工如图 3.59 所示工件，使用子程序加工 20 宽槽，编写程序。

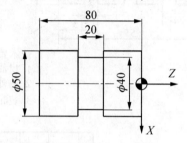

图 3.59 子程序编程

选用刀宽为 4.0mm 的切槽刀，加工宽度为 20 的槽，其基本程序如下：

```
O3401;
G54 T0100;
M03 S1000;
G00 X52.0 Z0.0;
G01 X0.0 F100;
G00 X50.0 Z2.0;
G01 Z-81.0;
X55;
G00 X100.0 Z100.0;
T0202;
G00 X52.0 Z-30.0;
M98 P00053402;              调用子程序 O3402 五次;
G00 X100.0 Z100.0 T0200;
……;
O3402;
G00 W-4.0;                  沿 Z 轴增量进给 4.0mm,设切槽刀刀宽 4.0mm;
G01 X40.0 F50;             沿 X 轴进给;
G00 X52.0;                  沿 X 轴退刀;
M99;                        子程序结束,光标返回主程序;
```

3) 子程序的应用原则

若零件上有多处相同的轮廓形状，可将此处的加工程序编写为一个子程序，然后根据需要由主程序调用该子程序。

程序的内容具有相对独立性。在加工较复杂的零件时，往往包含许多独立的工序，有时工序之间的调整也是容许的，为了优化加工顺序，把每一个工序编成一个独立的子程序，主程序中只需加入换刀和调用子程序等指令即可。

【特别提示】

使用子程序编写切槽程序时，沿 Z 轴进刀的移动量必须用增量坐标 W 编写。

2. 任务实施

1) 工艺分析

(1) 零件加工分析。该零件为一般短轴零件，加工工艺性好。根据工件的结构尺寸，选择直径为 $\phi 35mm$ 的棒料毛坯。用三爪自定心卡盘装夹一次完成全部加工内容，然后切断，获得工件。

(2) 制定工艺。使用三爪自定心卡盘装夹，保证毛坯外伸长 70mm。确定加工工序如下：

① 车端面。

② 粗车、半精车外圆，留 0.5mm 余量。

③ 切槽到尺寸。

④ 精车外圆到尺寸。

⑤ 切断。

⑥ 掉头装夹，车端面(手动加工)。

(3) 选择确定切削用量。根据相关手册资料推荐，切削用量的选择如下：

① 粗车时：主轴转速 $n = 800r/min$，进给速度 $f = 120mm/min$。

② 切槽时：主轴转速 $n = 600r/min$，进给速度 $f = 40mm/min$。

③ 精车时：主轴转速 $n = 1200r/min$，进给速度 $f = 40mm/min$。

(4) 选择刀具。数控加工刀具卡如表 3-12 所示。

表 3-12　数控加工刀具卡

产品名称或代号			零件名称	滑阀阀芯	零件图号	05
序号	刀具号	刀具规格名称	数量	加 工 表 面	刀尖半径/mm	备注
1	T01	硬质合金 90° 外圆车刀	1	车端面及粗、精车外圆轮廓		
2	T02	硬质合金刀宽 3mm 切槽刀	1	切槽，切断		以左刀尖为基准

2) 数控加工程序

主程序：

```
O0007;
N0010 G50 X100. Z100.;          G50 设定工件坐标系；
N0020 M03 S800 T0101;
N0030 G00 X36. Z0.;
N0040 G90 G98 X0. F120;         车端面；
N0050 G00 X36. Z3.;             快速定位到循环起点；
N0060 G90 X32.Z-60. F120;  ⎫
N0070 X30.5;               ⎬    G90 外圆粗车；
                           ⎭
N0080 G00 X100. Z100.T0100;
N0090 T0202 S600;               调 2 号切槽刀；
N0100 G00 X31. Z0.;             为子程序起点定位；
```

```
N0110 M98 P00030008;                            调用子程序 O0008 三次;
N0120 G00 X100. Z100. T0200;
N0130 T0101 S1200;
N0140 G00 X30. Z2.;
N0150 G01 Z-60. F40;                            外圆精车;
N0160 X36.;
N0170 G00 X100. Z100.T0100;
N0180 T0202 S600;
N0190 G00 X36. Z-58.5;
N0200 G01 X0.F40;                               切断;
N0210 G00 X36.;
N0220 G00 X100. Z100. T0200;
N0230 M05;
N0240 M30;
```

子程序:

```
O0008;
N0010 G00 X31. W-13.;
N0020 G01 X20. F40;
N0030 G04 X1.;
N0040 G00 X31.;
N0050 W-2.;
N0060 G01 X20.;
N0070 G04 X1.;
N0080 G00 X31.;
N0090 M99;
```

3) 仿真加工

执行程序 O0007 及子程序 O0008 仿真加工零件如图 3.60 所示。

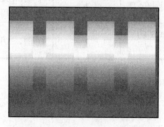

图 3.60 仿真加工滑阀阀芯

3.5 复杂轴类零件的编程与加工

任务目标	1. 初步掌握复杂轴类零件的编程与加工方法
	2. 学会粗加工复合循环指令 G71、G72、G73 及精车循环指令 G70 的用法
内容提示	1. 阶梯螺纹轴的编程与加工
	2. 实训操作(八) 复杂阶梯轴的编程与加工

任务：完成如图 3.61 所示阶梯螺纹轴的编程与加工。

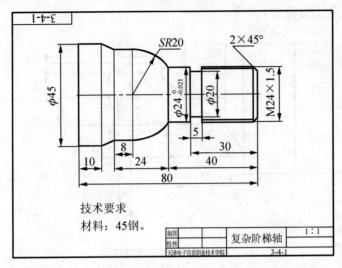

图 3.61　任务工作图 3-4-1

知识点：此阶梯轴结构复杂、但精度较低，可采用三爪自定心卡盘一次装夹加工完成，工艺过程简单。涉及的编程指令包括：复合循环指令。

难点：复合循环指令的合理运用。

1. 相关知识点

1) 外圆粗车复合循环指令 G71

单一固定循环只能完成一次切削，实际加工中，用单一固定循环指令 G90 仍不能有效地简化程序，如粗加工切削余量太大或切削表面形状复杂时，可采用复合循环指令。

复合循环指令可将多次重复动作用一个程序段来表示，只要在程序中给出最终走刀轨迹及重复切削次数，系统便会自动地重复切削，直到加工完成。

内、外轮廓粗加工循环指令 G71，主要用于棒料毛坯的加工。如图 3.62 所示，只需指定粗加工切削深度、精加工余量和精加工路线，系统便会自动给出粗加工路线和加工次数，完成各轮廓表面的粗加工。图中 A 为刀具循环起点，A'B 为精加工路线。执行粗车循环时，刀具从 A 点移动到 C 点，开始循环，粗车循环结束后，刀具返回 A 点。

指令格式：

```
G71 UΔd Re;
G71 Pns Qnf UΔu WΔw F__ S__ T__;
```

其中：

G71——外圆粗车循环指令；

Δd——每刀切削深度，无正、负号，半径值；

e——退刀量，无正、负号，半径值；

ns——精加工程序段开始程序段的段号；

nf——精加工程序段结束程序段的段号；

Δu——X 方向上的精加工余量，直径值，加工内径轮廓时，为负值；

Δw——Z 方向上的精加工余量。

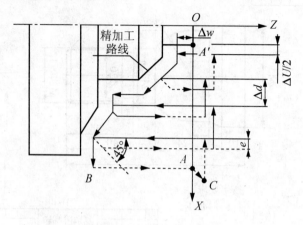

图 3.62　外圆粗车循环

【特别提示】

G71 只适用于加工内外轮廓具有单调性的表面，如图 3.62 中，由右向左零件轮廓的 X 坐标随 Z 坐标的减小而增大，呈单调递减性。

2) 端面粗车复合循环指令 G72

G72 与 G71 指令类似，不同之处就是刀具切削进给是按径向方向进行的，如图 3.63 所示。其中，图(a)为车削走刀路线，图(b)为车削零件示意图。G72 多用于加工盘类零件和径向尺寸差较大的阶梯轴类零件

指令格式：

```
G72  U∆d(W) Re;
G72  Pns Qnf U∆u W∆w F_ S_ T_;
```

其中参数含义与 G71 相同。

【例 3-9】　用 G72 端面粗车循环指令编写图 3.63(b)所示工件示意图的加工程序，其基本程序段如下：

```
N10 G50 X200. Z200. T0100;
N20 G97 S220 M03;
N30 G00 X176. Z2. M08;
N40 G96 S120;
N50 G72 U3 R0.1;
N60 G72 P70 Q120 U2 W0.5 F0.3;
N70 G00 X160. Z60.  (ns);
N80 G01 X120. Z70. F0.15 S150;
N90 Z80.;
N100 X80. Z90.;
N110 Z110.;
N120 X36. Z132.  (nf);
```

```
N130 G00 X200. Z200.;
N140 M30;
```

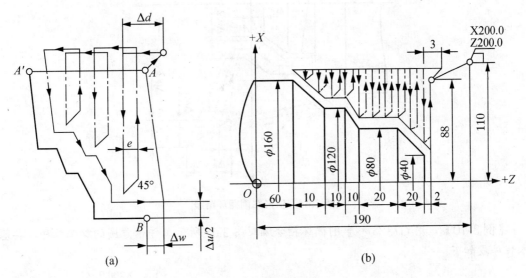

图 3.63　端面粗车循环

【特别提示】

本例中，由于切削的径向尺寸变化较大，为保证切削的平稳性及切削质量，主轴转速采用恒线速切削。

3) 仿形车削循环指令 G73

如图 3.64 所示，该指令只需指定粗加工循环次数、精加工余量和精加工路线，系统自动算出粗加工的切削深度，给出粗加工路线，完成各外圆表面的粗加工。其进给路线与工件最终轮廓平行。铸件、锻件等工件已经具备了简单的零件轮廓，粗加工使用 G73 循环指令可以提高效率。

指令格式：

```
G73 UΔi WΔk Rd;
G73 Pns Qnf UΔu WΔw F__ S__ T__;
```

其中：

G73——固定形状粗车循环指令；

Δi　——X 方向总退刀量(半径值)；

Δk——Z 方向总退刀量；

d——重复加工次数；

ns——精加工程序段中开始程序段的段号；

nf——精加工程序段中结束程序段的段号；

Δu——X 方向上的精加工余量；

Δw——Z 方向上的精加工余量。

数控车削技术

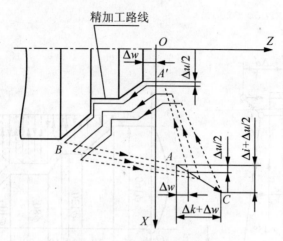

图 3.64　仿形车削循环路线

【例3-10】　用 G73 仿形车削循环指令编写图 3.65 所示工件示意图的加工程序，其基本程序段如下：

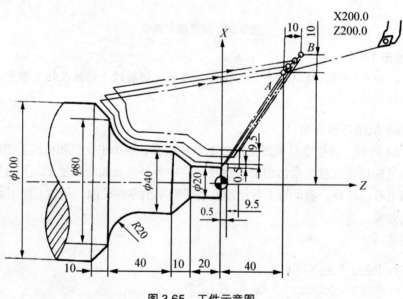

图 3.65　工件示意图

```
G54 T0100;
G97 S200 M03;
G00 X140. Z40.;
G96 S120;
G73 U9.5 W9.5 R3;
G73 P70 Q130 U1 W0.5 F0.3;
N70 G00 X20. Z0.;
G01 Z-20. F0.15 S150;
X40 Z-30.;
Z-50;
G02 X80. Z-70. R20;
```

```
G01 X100. Z-80.;
N130 X105.;
G00 X200. Z200.;
M30;
```

4) 精车循环指令(G70)

由 G71、G72、G73 完成粗加工后，可以用 G70 进行精加工。

指令格式：

```
G70 Pns Qnf
```

其中：

G70——精加工循环指令；

ns——精加工程序段中开始程序段的段号；

nf——精加工程序段中结束程序段的段号。

在精车循环 G70 状态下，ns 至 nf 程序中指定的 F、S、T 有效；当 ns 至 nf 程序中不指定 F、S 时，粗车循环(G71、G72、G73)中指定的 F、S、T 有效。

2. 任务实施

1) 零件加工分析

该零件属于短轴类零件，加工工艺性较好，无特殊尺寸和形位精度的要求，可选用棒料一次装夹完成。

2) 制定加工工艺

(1) 工艺过程描述。该工件是单侧阶梯轴，利于加工。选用ϕ50mm 的棒料毛坯，用三爪自定心卡盘装夹一次完成全部加工内容，然后切断，加工完成。

(2) 确定加工顺序。

① 车端面。

② 粗车、精车外圆至要求。

③ 切槽到尺寸。

④ 车螺纹。

⑤ 切断。

(3) 选择确定切削用量。根据相关手册资料推荐：

① 粗车时：主轴转速 $n = 800\mathrm{r/min}$ ，进给速度 $f = 80\mathrm{mm/min}$ 。

② 切槽和切断时：主轴转速 $n = 400\mathrm{r/min}$ ，进给速度 $f = 40\mathrm{mm/min}$ 。

③ 精车时：主轴转速 $n = 800\mathrm{r/min}$ ，进给速度 $f = 40\mathrm{mm/min}$ 。

④ 车螺纹时：主轴转速 $n = 400\mathrm{r/min}$ 。

(4) 选择刀具。数控加工刀具卡如表 3-13 所示。

表 3-13　数控加工刀具卡

产品名称或代号			零件名称	阶梯螺纹轴	零件图号	06
序号	刀具号	刀具规格名称	数量	加工表面	刀尖半径/mm	备注
1	T01	硬质合金90°外圆车刀	1	车端面及粗、精车外圆轮廓		

产品名称或代号			零件名称	阶梯螺纹轴	零件图号	06
序号	刀具号	刀具规格名称	数量	加工表面	刀尖半径/mm	备注
2	T02	硬质合金刀宽 5mm 切槽刀	1	切槽，切断		以左刀尖为基准
3	T03	硬质合金 60° 螺纹刀	1	车螺纹		

(5) 选择机床，确定数控系统。

① 数控机床型号：CK6140。

② 数控系统：FANUC 0i 系统。

(6) 螺纹尺寸计算与走刀次数的确定。

① 螺纹尺寸计算。

螺纹大径：$D_大 = D_{公称} - 0.1P = (24 - 0.1 \times 1.5)\,mm = 23.85mm$

螺纹小径：$D_小 = D_{公称} - 1.3P = (24 - 1.3 \times 1.5)\,mm = 22.05mm$

② 螺纹走刀次数与切削余量的确定。

查表 3-10 可知：M24×1.5 螺纹加工需 4 次走刀。每刀双边切削余量为：0.8、0.6、0.3、0.1。则每次走刀 X 坐标尺寸为：X23.05、X22.45、X22.15、X22.05。

3) 数控加工程序

```
O0009;
N0010 G50 X100. Z100.;
N0020 M03 S800 T0101;
N0030 G00 X52. Z0.;
N0040 G01 G98 X0. F80;
N0050 G00 X52. Z2.;
N0060 G71 U2. R1.;
N0070 G71 P80 Q190 U0.5 W0.2 F80;    } G71 粗车循环参数设定；
N0080 G00 X23.85 Z2.;
N0090 G01 Z-30 F40;
N0100 X24.;
N0110 Z-40.;
N0120 G03 X40. Z-56. R20.;
N0130 G01 Z-64.;
N0140 X45.Z-70.;                      } 用直线和圆弧插补指令加工工件轮廓；
N0150 Z-81.;
N0160 X46.;
N0170 G00 Z0.;
N0180 X20.;
N0190 G01 X23.85 Z-2.;
N0200 G00 X100. Z100. T0100;
N0210 T0202 S400;
N0220 G00 X26. Z-30.;
N0230 G01 X20. F40;                   切槽；
N0240 G04 X1.;                        槽底停留；
N0250 G00 X26.;
```

```
N0260 X100. Z100. T0200;
N0270 T0101 S800 ;
N0280 G00 X52. Z2.;
N0290 G70 P80 Q150;                    G70 精车循环参数设定;
N0300 G00 X100. Z100. T0100;
N0310 T0303 S400;
N0320 G00 X25. Z4.;
N0330 G92 X23.05 Z-27. F1.5;
N0340 X22.45;
N0350 X22.15;                          G92 循环车螺纹;
N0360 X22.05;
N0370 G00 X100. Z100. T0300;
N0380 T0202 S800;
N0390 G00 X51. Z-85.;
N0400 G01 X0. F40;                     切断;
N0410 G00 X51.;
N0420 X100. Z100. T0200;
N0430 M05;
N0440 M30;
```

图 3.66 仿真零件

4) 仿真加工

执行程序 O0009 的仿真加工零件如图 3.66 所示。

3.6 考虑刀尖圆角半径时零件程序的编制

任务目标	1. 理解刀具半径补偿功能的作用及意义 2. 掌握刀具半径补偿功能(G40、G41、G42)的用法
内容提示	1. 相关知识点: G41、G42、G40 的用法 2. 任务实施方案

任务:加工如图 3.67 所示零件,毛坯尺寸为 $\phi 55 \times 70$mm,材料为 45 钢,选用 CKA6140 机床,最大背吃刀量 2.5mm,试用 G71、G70 循环指令编写单件加工程序(考虑刀具半径补偿)。

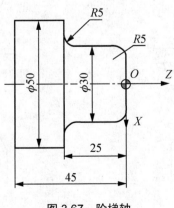

图 3.67 阶梯轴

1. 相关知识点

1) 刀尖圆弧半径补偿功能(G40、G41、G42)

在实际生产中，根据选择的刀片类型不同，一种为尖刀，如图 3.68(a)所示(即刀尖圆弧半径近似为零)，称之为理想刀尖。其中 A 点的轨迹为刀尖运行的轨迹即为刀位点轨迹，也是程序指令的切削路线，本模块前四个课题中均选择尖刀加工零件；另一种为具有刀尖圆弧半径的车刀，如图 3.68(b)所示。利用它来车削圆柱表面或端面时，刀尖圆弧大小对加工精度不会产生影响，但是车倒角、锥面或圆弧时，由于加工时刀具与工件接触点的位置在变化，因此会影响加工精度，如图 3.69 所示，故在编制数控车程序时，必须给予考虑。大多数全功能的数控车床都具备刀具半径自动补偿功能，可对刀尖圆弧半径引起的误差进行补偿，称为刀尖圆弧半径补偿。因此，编程时按零件轮廓编程，并在程序中采用刀具半径补偿指令。

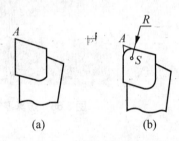

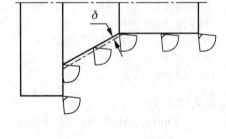

图 3.68　理想刀尖与带有圆角半径的刀尖　　　　图 3.69　车圆锥产生的误差

2) 刀具半径补偿参数

(1) 刀尖半径。补偿刀尖圆弧半径大小时，刀具自动偏离工件轮廓距离为半径。

(2) 车刀形状和位置。车刀形状不同，决定刀尖圆弧所处的位置不同，执行刀具补偿时，刀具自动偏离工件轮廓的方向也就不同。车刀形状和位置参数称为刀尖方位 T，如图 3.70所示，共有 9 种，分别用参数 0~9 表示。常用刀尖方位 T 为：外圆右偏刀 $T=3$，镗孔右偏刀 $T=2$。

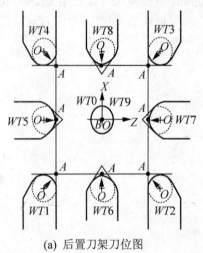

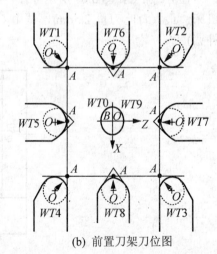

(a) 后置刀架刀位图　　　　　　　　(b) 前置刀架刀位图

图 3.70　车刀形状和刀具位置图

3) 刀具半径补偿方法

刀具半径补偿方法是在加工前，通过机床数控系统的操作面板向系统存储器中输入刀具半径补偿的相关参数：刀尖圆弧半径 R 和刀尖方位 T。当系统执行程序中的半径补偿指令时，数控装置读取存储器中相应刀具号的半径补偿参数，刀具自动沿刀尖方位 T 方向偏离工件轮廓一个刀尖圆弧半径值 R，刀具按刀尖圆弧圆心轨迹运动，加工出所要加工的工件轮廓，如图 3.71 所示。

4) 刀具半径补偿指令(G41、G42、G40)

从机床坐标系的 y 轴的正方向向负方向，并沿刀具运动方向看去，刀具位于工件轮廓的右侧为刀具半径右补偿，使用 G42 指令，如图 3.72(a)所示；刀具位于工件轮廓的左侧为刀具半径左补偿，使用 G41 指令，如图 3.72(b)所示。一般情况，刀具自右向左车削时，车削外圆为 G42，加工内孔为 G41。G40 为取消刀具半径补偿指令，使用该指令后，G41、G42 指令失效。

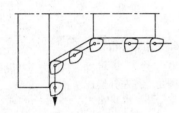

图 3.71　刀尖圆弧半径补偿

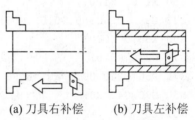

(a) 刀具右补偿　　(b) 刀具左补偿

图 3.72　刀具半径补偿

指令格式：

$$\left.\begin{array}{l} \text{G41} \\ \text{G42} \\ \text{G40} \end{array}\right\} \left.\begin{array}{l} \text{G00} \\ \text{G01} \end{array}\right\} \text{X\_Z\_ ;}$$

其中：

X、Z——建立或取消刀具补偿程序段中，刀具移动的终点坐标。

说明：

G41、G42、G40 指令不能与圆弧切削指令 G02、G03 写在同一程序段内，必须与 G00、G01 写在同一程序段内。

G41、G42 不能同时使用，即在程序中，前面程序段中使用 G41，就不能再继续使用 G42，必须先用 G40 指令取消 G41 刀补状态后，才可使用 G42 刀补指令。

2. 任务实施

1) 零件图分析

零件由外圆和圆弧组成，零件材料为 45 钢，切削加工性能较好，无热处理和硬度要求。

2) 工艺分析

粗车外轮廓；精车外轮廓。

3) 选择刀具

(1) 选硬质合金93°偏刀，粗加工各外圆、端面，刀尖半径为 0.8mm，刀尖方位 $T=3$，置于 T01 刀位。

(2) 选硬质合金 93°偏刀，精加工各外圆、端面，刀尖半径为 0.2mm，刀尖方位 $T=3$，置于 T02 刀位。

4) 确定切削用量

由于加工背吃刀量较大，因此选用较小的进给量和主轴转速，如表 3-14 所示。

表 3-14 工件的切削用量

加工内容	背吃刀量 a_p/mm	进给量 f/(mm·r^{-1})	主轴转速 n/(r·min^{-1})
粗车	2	0.25	500
精车	0.5	0.10	800

5) 编写程序如下

```
O3610;
G50 X100. Z100.;
G40 G99 M03 S500 T0101 M08;
G00 X55.0 Z2.0;
G71 U2.0 R0.5;                         } G71 粗车循环参数设定;
G71 P50 Q140 U0.5 W0.05 F0.25;
N50 G00 G42 X0;                        刀具圆角半径左补偿;
G01 Z0;
X20.0;
G03 X30.0 Z-5.0 R5.0;
G01 Z-20.0;
G02 X40.0  Z-25.0 R5.0;                } 用直线和圆弧插补指令加工工件轮廓;
G01 X50.0;
Z-45.0;
X55.0;
N140 G01 G40 X56.0;
G00 X100.0 Z100.0;
M09;
T0202;
M03 S800 F0.1;
M08;
G00 X55.0 Z2.0;
G70 P50 Q140;                          G70 精加工循环参数设定;
G00 X100.0 Z100.0 T0200;
M30;
```

小　　结

本模块主要介绍了简单轴类零件、螺纹与圆弧面零件、沟槽零件及复杂的外轮廓零件的数控车削工艺、编程与加工方法。要求读者应掌握零件外轮廓数控车削加工的工艺与程序编制方法；掌握数控车床的基本操作方法。

思考与练习

1．如何判断圆弧的顺逆方向？

2．圆柱切削单一固定循环指令 G90 的循环路径包含哪几个动作？

3．为什么要使用刀尖圆弧半径补偿？刀尖圆弧半径补偿有哪几种？

4．G41、G42、G40 是否属于模态代码？如何正确地使用？

5．如习题图 3.1 所示零件，材料为 45 钢，制定其加工工艺并编制加工程序。

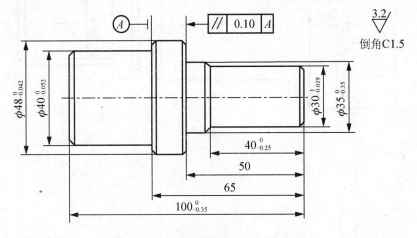

习题图 3.1

6．编制习题图 3.2 所示零件的加工程序，毛坯为 $\phi25$ 的棒料，材料为 45 钢。

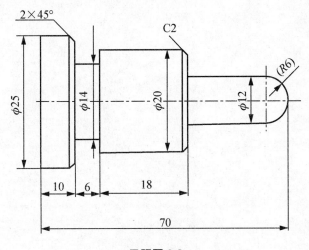

习题图 3.2

7．试应用刀尖圆弧半径补偿指令，编写习题图 3.3 所示零件的加工程序，材料为 45 钢。

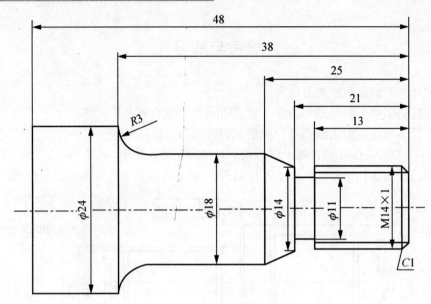

习题图 3.3

模块 4

盘套类(内轮廓)零件的
编程与加工

　　齿轮、轴套、带轮等许多机械零件，不仅有外圆柱面，还有内孔面。与外圆柱面、圆锥面和圆弧加工一样，孔加工也是车削加工中常见的类型之一。使用数控车床进行回转体内表面的切削加工，通过车、钻、铰、镗、扩等方法可以加工出不同精度的孔类工件，如图 4.1 所示的钻模定位套，即为基本的孔类零件。

　　本模块主要以圆柱套、圆锥套及盘盖类零件的加工为例介绍孔加工的特点、加工工艺的制定、相关指令的应用及程序编制等方面的内容。

4.1 简单套类零件的编程与加工

任务目标	1. 掌握简单套类零件数控车削加工工艺与程序编制方法 2. 掌握工件选择坐标系 G54~G59 的用法 3. 学会数控车床的基本操作方法
内容提示	1. 钻模定位套的编程与加工 2. 实训操作(九) 轴套的编程与加工

任务：完成如图 4.1 所示钻模定位套的编程与加工。

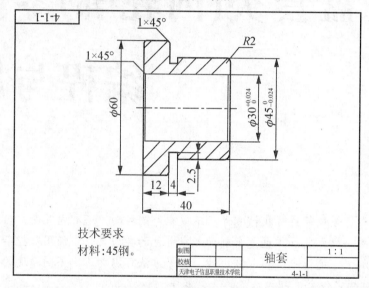

图 4.1　任务工作图 4-1-1

知识点：本工件为钻模定位套，从其使用功能分析，该工件的 $\phi45_{-0.024}$ 外圆尺寸是与钻模板的配合尺寸，且应与 $\phi30^{+0.024}$ 内孔同心，才能保证其钻模的制造精度。因此，该工件采用长棒料一次装夹加工完成内、外轮廓再切断的加工工艺。完成本工件加工需要学习和掌握相关的孔加工知识以及刀具的安装和孔尺寸测量知识。

难点：本任务在实施过程中，要进一步理解 G90 固定循环指令在内圆表面加工程序中的灵活运用。同时镗孔刀的对刀和形状补偿值的建立方法也是本任务中要解决的重点和难点问题。

1. 相关知识点

1) 孔加工知识
(1) 常见孔的加工方法。
① 钻孔。对于精度要求不高的孔，可用麻花钻直接钻出；对于精度要求较高的孔，钻孔后还要再经过车床镗孔或扩孔、铰孔才能够完成。
② 扩孔。用扩孔刀具扩大工件孔径的方法称为扩孔。一般精度要求低的工件的扩孔可用麻花钻，精度要求高的孔的半精加工可使用扩孔钻。

③ 铰孔。铰孔是用铰刀对未淬硬孔进行精加工的一种加工方法。铰刀是尺寸精确的多刃刀具，铰孔的质量好，效率高，操作简单，目前在批量生产中已得到广泛的应用。其精度可达 IT7 级。表面粗糙度 Ra 值可达 0.4μm。

④ 镗孔。对于铸造孔、锻造孔或用钻头钻出的孔，为达到所要求的尺寸精度、位置精度和表面粗糙度，可采用镗内孔的方法。加工精度一般可达 IT7 级，表面粗糙度 Ra 值可达 1.6μm。

(2) 镗孔的关键技术。镗孔是常用的孔加工方法之一，镗孔的关键技术是解决内孔镗刀的刚度问题和内孔镗削中的排屑问题。

为了增加镗刀刚度，防止产生振动，要尽量选择粗的刀杆，装夹时刀杆伸出长度应尽可能短，只要大于孔深即可。刀尖要对准工件中心，刀杆与轴线平行。为了确保安全，可在镗孔前先用内孔镗刀在孔内试走一遍。精镗孔时，应保持刀刃锋利，否则容易产生让刀，把孔镗成锥形。

内孔加工过程中，主要通过控制切屑的流出方向来解决排屑问题。精镗孔时要求切屑流向待加工表面(前表面)，前排屑主要是采用正刃倾角内孔镗刀。加工盲孔时，应采用负刃倾角镗刀，使切屑从孔口排出。

(3) 镗孔刀具。镗孔用刀具的名称、外形及适用范围如表 4-1 所示。

表 4-1　镗孔用刀具

刀具名称	刀具外形	有关说明
通孔镗刀		通孔镗刀切削部分的几何形状基本上与外圆车刀相同。为了减小径向切削力，防止镗孔时振动，主偏角 K_r 应取大些。一般为 57°～60°，负偏角 K_r' 一般应为 15°～30°
盲孔镗刀		盲孔镗刀用来镗削盲孔或阶梯孔，切削部分的几何形状基本上与外圆车刀相似，主偏角 K_r 大于 90°。一般为 92°～95°，负偏角 K_r' 一般应为 15°～30°。盲孔镗刀的刀尖应在刀具最前端。刀尖在径向方向应外凸到刀体以外

(4) 安装内孔镗刀的注意事项。

① 刀尖应与工件中心等高。如果装得低于工件中心，由于切削抗力的作用，容易将刀柄压低而产生扎刀现象，并会造成孔径扩大。

② 刀柄伸出刀架不宜过长，一般比被加工孔长 5～6 mm 即可。

③ 刀柄基本平行于工件轴线，否则在车削到一定深度时刀柄容易碰到工件孔口，如图 4.2 所示。

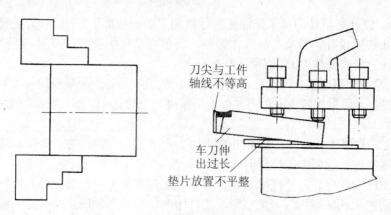

图 4.2　内孔车刀易出现的安装问题示意图

（5）常用的孔径测量工具。内孔测量时，若孔径尺寸精度要求较低，可采用钢直尺、内卡钳或游标卡尺测量；若精度要求较高，可用内径千分尺或内径百分表测量；标准孔还可以采用塞规测量。

①　游标卡尺。游标卡尺测量孔径尺寸的测量方法如图 4.3 所示，测量时应注意尺身与工件端面平行，活动量爪沿圆周方向摆动，找到最大位置。

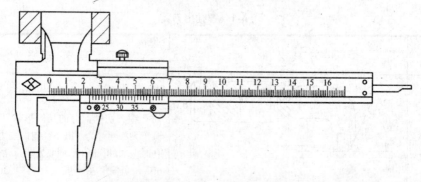

图 4.3　游标卡尺测量孔径尺寸

②　内径千分尺。内径千分尺的使用方法如图 4.4 所示。这种千分尺刻度线方向和外径千分尺相反，当微分筒顺时针旋转时，活动量爪向右移动，量值增大。

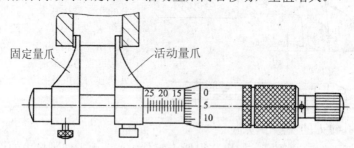

图 4.4　内径千分尺测量孔径尺寸

③　内径百分表。内径百分表是将百分表装夹在测架上构成的。测量前先根据被测工件孔径大小更换固定测量头，用千分尺将内径百分表对准"零"位。测量方法如图 4.5 所示，摆动百分表取最小值为孔径的实际尺寸。

④ 塞规。塞规如图 4.6 所示。由通端和止端组成，通端按孔的最小极限尺寸制成，测量时应塞入孔内，止端按孔的最大极限尺寸制成，测量时不允许插入孔内。当通端能塞入孔内，而止端插不进去时，说明该孔尺寸合格。

用塞规测量孔径时，应保持孔壁清洁，塞规不能倾斜，以防造成孔小的错觉，把孔径车大。相反，在孔径小的时候，不能用塞规硬塞，更不能用力敲击。从孔内取出塞规时，要防止与内孔刀碰撞。孔径温度较高时，不能用塞规立即测量，以防工件冷缩把塞规"咬住"。

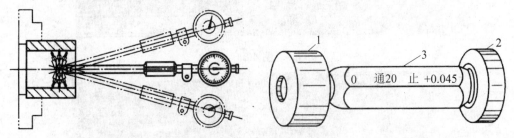

图 4.5　内径百分表测量孔径尺寸　　　　　图 4.6　塞规

1—通端；2—手持部位；3—止端

2) 镗孔刀形状补偿值的建立

加工轴套类零件使用的刀具包括：1 号刀外圆车刀，2 号刀切断刀，3 号刀镗孔车刀。由于镗孔加工时，刀具安装位置、加工表面与加工外圆时差别较大。因此，镗孔刀的刀补(形状)的确定、测量与外圆刀具的刀补对刀有较大区别。镗孔刀对刀操作步骤如下(设毛坯已加工出底孔)：

(1) 设 1 号刀为基准刀。调外圆车刀 1 号刀，用试切法车毛坯端面，将机床坐标系切换为相对坐标，$W(Z)$ 归零，再车外圆一刀，使 $U(X)$ 归零，如图 4.7 所示。手动将刀具远离工件。

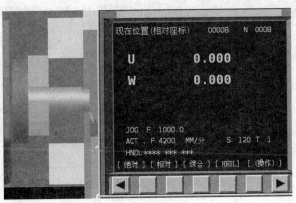

图 4.7

(2) 选机床"MDI"工作方式，换 3 号刀。

(3) 选手动工作方式将 3 号刀快速移近工件端面，换手轮方式微动使刀尖轻微接触工件端面，如图 4.8 所示。按偏置键，切换显示界面为"工具补正/摩耗"，按软键"形状"切换到形状补正界面，如图 4.9 所示。输入显示界面右下方 W 显示值(60.084)，即为 Z 方向补偿值。

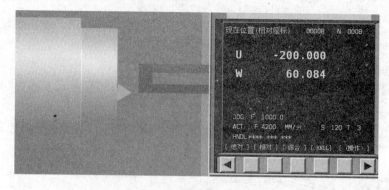

图 4.8

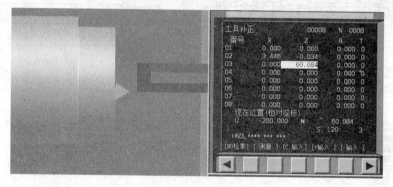

图 4.9

(4) 在同一界面中，手动镗内孔表面一刀，如图 4.10 所示。沿 Z 轴进刀，沿 Z 轴退刀远离工件(X 轴固定不动)。关闭主轴(停)。记录显示界面右下方 U 显示值(-191.502)，记作 Xx=-191.502。

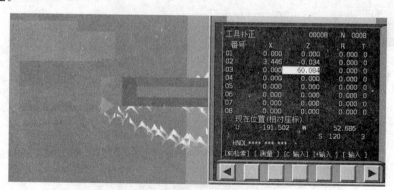

图 4.10

(5) 测量 1 号刀车削的外圆直径，如图 4.11(a)所示，记录测量数据，记为 Xb=54.575，测量 3 号刀镗削的内孔直径，如图 4.11(b)所示，记录测量数据，记为 Xn=27.676。

(6) 计算 3 号刀 X 方向补偿值，设为 Ux。

$$Ux=Xx+(Xb-Xn)$$
$$=-191.502+(54.575-27.676)$$
$$=-164.603$$

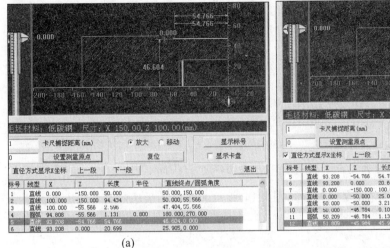

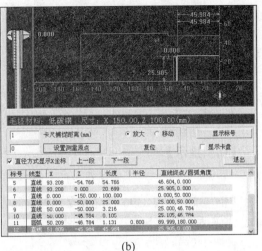

(a)　　　　　　　　　　　　　　(b)

图 4.11

(7) 在偏置界面番号 03 对应的 X 地址处输入 Ux 的计算值,即-164.603,完成 3 号刀的对刀与刀补的输入,如图 4.12 所示。

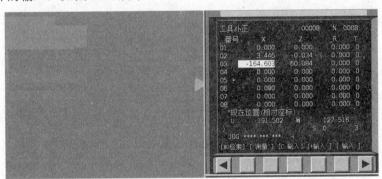

图 4.12

3) 固定循环指令 G90 应用于圆柱孔的编程与加工

单一固定循环指令 G90 的学习与应用,在模块 3 已经介绍过。这里进一步学习其应用于内圆柱孔加工的实例。加工一个内圆柱表面需要 4 个动作:①快速进刀;②切削进给;③退刀;④快速返回,如图 4.13 所示。

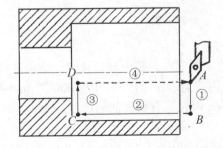

图 4.13　G90 用于内圆柱切削加工的循环路线

指令格式：

圆柱面车削循环：

    G90 X(U)__ Z(W)__ F__;

其中：

X、Z——切削终点(C 点)的坐标值；

U、W——切削终点(C 点)相对循环始点(A 点)的增量值；

F——进给速度。

【特别提示】

内孔加工循环始点 A 的确定，一定要在工件端面以外、孔径以内。

【例 4-1】 用 G90 循环指令编写加工图 4.14 所示工件内孔程序，设毛坯已有 φ30 底孔，其基本程序段如下：

```
O4001;
G54 T0100;
M03 S1000;
G00 X25.0 Z5.0;
G90 X35.0 Z-40.0 F100;
X38.0;
X40.0;
G00 X100.0 Z100.0;
M05;
M30;
```

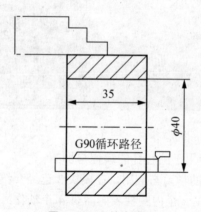

图 4.14　工件内子孔

2．任务实施

1）零件技术分析

该零件是钻模夹具中的主要部件，是引导刀具——钻头定位，保证被加工孔位置准确的定位元件。根据工件的使用特点与作用，工件中的 $\phi30^{+0.024}$ mm 和 $\phi45_{-0.024}$ mm 是关键尺寸，并要求 φ45mm 外圆与 φ30mm 内孔具有较高的同心度，否则该工件与钻模板装配后会影响整体钻模的定位精度。

2）制定加工工艺

(1) 工艺过程描述。由于工件为单件生产，为了简化加工工艺，保证加工要求，尤其

要保证 $\phi45mm$ 外圆与 $\phi30mm$ 内孔的同心度，采用 $\phi65\,mm$ 棒料一次装夹加工成形至要求。切断后掉头，用垫铜皮的方法三爪夹持 $\phi45mm$ 外圆，手动车端面即可。

(2) 确定加工顺序。

① 车端面：手动车端面，见光，平整。

② 钻中心孔(手动)。

③ 钻孔(手动)：顶钻 $\phi25\,mm$ 底孔。

④ 车端面。

⑤ 车外圆：粗、精车至要求。

⑥ 镗内孔：粗、精镗至要求。

⑦ 切槽。

⑧ 切断。

⑨ 车端面：二次掉头装夹，手动车 $\phi60\,mm$ 端面，保证尺寸 12 mm。

(3) 选择确定切削用量。根据所选刀具材料和被加工工件的材质，结合数控机床性能和加工工艺特征，查相关手册资料确定切削用量如下。

① 粗加工时：主轴转速 $n=800r/\min$，进给速度 $f=100mm/\min$。

② 切槽及切断时：主轴转速 $n=400r/\min$，进给速度 $f=40mm/\min$。

③ 精车时：主轴转速 $n=1000r/\min$，进给速度 $f=50mm/\min$。

④ 镗内孔时：主轴转速 $n=800r/\min$，进给速度 $f=40mm/\min$。

(4) 选择刀具。数控加工刀具卡如表 4-2 所示。

表 4-2　数控加工刀具卡

产品名称或代号			零件名称		轴套	零件图号	4-1-1
序号	刀具号	刀具规格名称	数　量		加工表面	刀尖半径/mm	备注
1	T01	硬质合金 90°外圆车刀	1		车端面及粗、精车外圆轮廓		
2	T02	硬质合金刀宽 4mm 切槽刀	1		切槽，切断		以左刀尖为基准
3	T03	硬质合金内孔镗刀	1		镗内孔		
4	T04	$\phi2mm$ 中心钻	1		钻中心孔		
5	T05	$\phi25mm$ 钻头	1		钻孔		

(5) 选择机床，确定数控系统。

① 数控机床型号：CK6140。

② 数控系统：FANUC 0i 系统。

3) 数控加工程序

由于该零件的加工既有外圆柱面又有内圆柱表面，所选用的刀具整体外形尺寸差别较大，为使对刀方便，将 1 号刀具和 2 号刀具放在 G54 坐标下工作，并将 1 号刀具设为基准刀。把 3 号刀具放在 G55 坐标下工作，并设为 G55 坐标下的基准刀。

```
O0001;
N0010 G54;
N0020 M03 S800 T0101;
N0030 G00 X66. Z0.;
```

```
N0040 G01 G98 X0. F100;
N0050 G00 X66. Z2.;
N0060 G90 X62. Z-45. F100;
N0070 X60.5;
N0080 X56. Z-27.8;
N0090 X52.;
N0100 X48.;
N0110 X45.5;
N0120 G00 X25. Z0.;
N0130 S1000;
N0140 G01 X41. F50;
N0150 G03 X45. Z-2.R2.;
N0160 G01 Z-28.;
N0170 X60.;
N0180 Z-42.;
N0190 G00 X100. Z100.;
N0200 T0303 S800 ;                    镗孔;
N0210 G00 G55 X24. Z5.;
N0220 G90 X28. Z-45. F80;
N0230 X29.5;
N0240 S1000;
N0250 G00 X32. Z0.;
N0260 G01 X30. Z-1. F40;
N0270 Z-39.;
N0280 X32. Z-40.;
N0290 Z-42.;
N0300 G00 X28.;
N0310 Z200.;
N0320 T0202 S400;                     切槽、切断;
N0330 G00 G54 X61.;
N0340 Z-28.;
N0350 G01 X40. F40;
N0360 G00 X61.;
N0370 Z-44.5;
N0380 G01 X24.;
N0390 G00 X100. Z150. T0200;
N0400 M05;
N0410 M30;
```

4.2 锥孔类零件的编程与加工

任务目标	1. 掌握锥孔类零件数控车削加工工艺与程序编制方法 2. 学会数控车床的基本操作方法
内容提示	1. 塑料模具型腔套的编程与加工 2. 实训操作(十) 锥套的编程与加工

任务:完成如图 4.15 所示塑料模具型腔套的编程与加工。

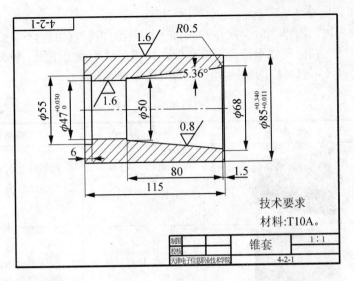

图 4.15　任务工作图 4-2-1

　　知识点：选择本工件作为任务载体，主要是要加深理解孔加工工艺知识和 G90 固定循环指令在内圆锥表面加工程序中的应用。学习车削加工的误差分析的方法和解决措施。

　　难点：本任务实施过程中的难点是二次装夹时内外圆安装找正工艺措施。

1.　相关知识点

1) 涂色法检查圆锥面质量

　　对于标准圆锥或配合精度要求较高的圆锥工件，一般可以使用圆锥套规和圆锥塞规检测。使用圆锥套规检测外圆锥面，如图 4.16 所示。使用圆锥塞规检测内圆锥面，检查方法如图 4.17 所示。

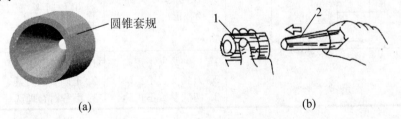

(a)　　　　　　　　　　　(b)

图 4.16　圆锥套规检验外圆锥面

1—圆锥套规；2—工件

(a)　　　　　　　　　　　(b)

图 4.17　圆锥塞规检测内圆锥面

1—工件；2—圆锥塞规

2) 锥面加工误差分析

在数控车床上加工圆锥面时会产生很多加工误差,如锥度(角度)不符合要求。切削过程中出现振动,锥面径向尺寸不符合要求和表面粗糙度达不到要求等。锥面加工中出现的问题、产生原因以及可以采取的预防和消除的措施如表 4-3 所示。

表 4-3 锥面加工误差分析

问 题	工 件 形 状	产 生 原 因	预防和消除
锥度(角度)不符合要求		1. 程序错误 2. 工件装夹不正确	1. 检查、修改加工程序 2. 检查工件安装,增加安装刚度
切削过程中出现干涉现象		工件斜度大于刀具后角	1. 选择正确的刀具 2. 改变切削方式
表面粗糙度达不到要求		1. 车刀刚度不足或伸出太长而引起振动 2. 车刀几何参数不合理,如选用过小的前角和后角 3. 切削用量不合理	1. 提高车刀刚度,正确装夹车刀 2. 合理选择车刀角度,如适当增加前角,合理选择后角 3. 进给量不宜太大,选择适当的精车余量和主轴转速
锥面径向尺寸不符合要求		1. 程序错误 2. 刀具磨损 3. 没考虑刀尖圆弧半径补偿	1. 保证编程正确并考虑刀具补偿 2. 及时更换磨损大的刀具 3. 编程时考虑刀尖圆弧半径补偿
切削过程中出现振动		1. 工件装夹不正确 2. 刀具安装不正确 3. 切削参数不正确	1. 正确安装工件 2. 正确安装刀具 3. 编程时合理选择切削参数

3) 固定循环指令 G90

固定循环指令 G90 同样可加工内圆锥表面,其循环路径如图 4.18 所示。

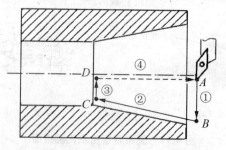

图 4.18 G90 用于内圆锥切削加工的循环路线

指令格式：

圆锥面车削循环：

    G90 X(U)__ Z(W)__ I__ F__;

其中：

X、*Z*——切削终点(*C* 点)的坐标值；

U、*W*——切削终点(*C* 点)相对循环始点(*A* 点)的增量值；

F——进给速度，mm/r；

I——车圆锥时，切削始点 *B* 与切削终点 *C* 的半径差值。该值有正负号：若 *B* 点半径值大于 *C* 点半径值，*I* 取正值；反之，*I* 取负值。

【特别提示】

使用 G90 循环指令加工内圆锥孔时，循环始点 *A* 的 *X* 坐标必须小于切削终点 *C* 点坐标值，如图 4.18 所示。

【例 4-2】　用 G90 循环指令编写加工图 4.19 所示工件的内圆锥孔程序，设毛坯已有 ϕ25 底孔，其基本程序段如下：

```
O4002;
G54 T0100;
M03 S1000;
G00 X20.0 Z4.0;
G90 X35.0 Z-40.0 I-5.5 F100;
X38.0;
X40.0;
G00 X100.0 Z100.0;
M05;
M30;
```

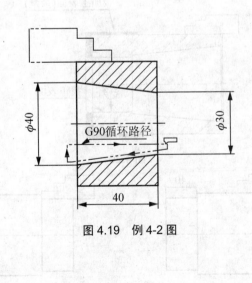

图 4.19　例 4-2 图

2. 任务实施

1) 零件技术分析

该零件是塑料杯注塑成形模具中的模具型腔镶嵌件。ϕ50mm 锥孔是模具型腔孔，尺寸精度并不十分严格，但表面粗糙度要求很高。在车工工序中表面粗糙度达不到 $\sqrt{0.8}$ 要求，应安排抛光和表面处理工艺。

该零件从整体结构分析仍属于套筒类零件，同样要求内孔与外圆同心。

2) 制定车削工艺

根据工件的使用要求和在后续工序中抛光工艺的需要，毛坯材料选用了 T10A，毛坯为锻件，球化退火状态，尺寸为 $\phi 95 \times 125$ mm。

(1) 加工工艺分析。零件的工艺过程为第一次三爪自定心卡盘装夹，手动车端面见光，车外圆 40mm 长见光。掉头三爪自定心卡盘二次装夹，夹持已车削部分，完成外圆 $\phi 85$ mm 外伸部分和内孔 $\phi 47$ mm 及锥孔加工。掉头，用三爪自定心卡盘夹持 $\phi 85$ mm 部位，找正 $\phi 47$ mm 内孔，手动或自动加工保证 115mm 长度尺寸以及 $\phi 55$ mm 台阶孔尺寸，如图 4.20 所示。

(2) 确定加工顺序。

① 手动车削：三爪自定心卡盘装夹，车端面见光，车外圆长 40mm，见光，如图 4.21(a) 所示。

② 手动车削：掉头装夹已车削部分，车端面见光，如图 4.21(b) 所示。

③ 钻中心孔：(手动)。

④ 钻孔：手动钻 $\phi 40$ mm 底孔。

⑤ 车端面(数控加工)。

⑥ 车外圆：粗、精车 $\phi 85$ mm 外圆至要求，轴向尺寸尽量靠近卡盘。

⑦ 镗内孔：镗 $\phi 47$ mm 通孔至要求。

⑧ 镗锥孔：镗削小端直径 $\phi 50$ mm，大端直径 $\phi 65$ mm 斜度 5.36° 锥孔至要求。

⑨ 镗 $\phi 68 \times 1.5$ mm 台阶孔。

⑩ 掉头车端面，保证尺寸 115mm。

⑪ 镗台阶孔 $\phi 55 \times 6$ mm 至要求，手动或自动均可。

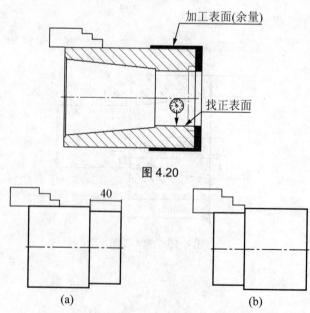

图 4.20

图 4.21

(3) 选择确定切削用量。根据经验并结合实际工作条件确定。

① 粗车时：主轴转速 $n = 650\text{r}/\min$ ，进给速度 $f = 60 \sim 80\text{mm}/\min$ 。

② 精车时：主轴转速 $n = 800\text{r}/\min$ ，进给速度 $f = 30 \sim 40\text{mm}/\min$ 。

③ 粗镗内孔时：主轴转速 $n = 650\text{r}/\min$ ，进给速度 $f = 60\text{mm}/\min$ 。

④ 精镗内孔时：主轴转速 $n = 800\text{r}/\min$ ，进给速度 $f = 40\text{mm}/\min$ 。

(4) 选择刀具。数控加工刀具卡如表 4-4 所示。

表 4-4　数控加工刀具卡

产品名称或代号			零件名称		锥套	零件图号		08
序号	刀具号	刀具规格名称	数　量		加工表面	刀尖半径/mm		备注
1	T01	硬质合金90°外圆车刀	1		车端面及粗、精车外圆轮廓			
2	T02	90°内孔镗刀	1		镗内孔			
3	T03	ϕ2mm 中心钻	1		钻中心孔			
4	T04	ϕ40mm 钻头	1		钻孔			

(5) 选择机床，确定数控系统。

① 数控机床型号：CK6140。

② 数控系统：FANUC 0i 系统。

3) 数控加工程序

根据工件的结构特点，内孔加工部位较多，外圆加工简单，为使程序简单明了，易于调试，将外圆加工和内孔加工分成两部分编程。

(1) 外圆加工程序。

```
O0002;
N0010 G54;
N0020 M03 S650 T0100;
N0030 G00 X98. Z0.;
N0040 G01 G98 X35. F60;          车端面;
N0050 G00 X95. Z3.;              定循环始点;
N0060 G90 X91. Z-80. F80;
N0070 X87.;                      循环车外圆三刀;
N0080 X85.5;
N0090 S800;
N0100 G90 X85. Z-80. F40;        精车外圆;
N0110 G00 X150. Z200.;
N0120 M05;
N0130 M30;
```

(2) 内孔加工程序。

```
O0003;
N0010 G55;
N0020 M03 S650 T0200;
N0030 G00 X38. Z3.;              定循环起刀点;
```

```
N0040 G90 G98 X43. Z-120. F60;
N0050 X45.5;                        } 循环粗镗φ47内孔三刀;
N0060 X46.5;
N0070 S800;
N0080 G90 X47. Z-120. F30;          精镗φ47内孔;
N0090 G00 X46. Z3.;                 定循环起刀点;
N0100 G90 X49.5 Z-80. F40;
N0110 X50.;                         } 循环镗φ50内孔两刀;
N0120 G00 X35. Z0.;                 定循环起刀点;
N0130 G90 X39. Z-80. I7.5 F40;
N0140 X43.;
N0150 X47.;
N0160 X49.5 F30;                    } 循环镗内圆锥面;
N0170 X50.;
N0180 G00 Z2.;
N0190 X67.5;
N0200 G01 Z-0.9 F40;
N0210 G03 X66.5 Z-1.4 R0.5;
N0220 G01 X63.;
N0230 X68.;
N0240 G01 Z-1. F30;
N0250 G03 X67. Z-1.5 R0.5;
N0260 G01 X63.;
N0270 G00 Z200.;
N0280 T0200.;
N0290 M05;
N0300 M30;
```

(3) 掉头,第二次装夹,车端面、外圆及φ55mm台阶孔。

```
O0004;
N0010 G50 X150. Z200.;
N0020 M03 S800 T0100;
N0030 G00 X98. Z0.;
N0040 G01 G98 X45. F40;
N0050 G00 X96. Z2.;
N0060 G90 X91. Z-41. F40;
N0070 X87.;
N0080 X85.5;
N0090 X85.;
N0100 G00 X150. Z200.;
N0110 T0202;
N0120 G00 X45. Z2.;
N0130 G90 X51. Z-6. F40;
N0140 X55.;
N0150 G00 Z100.;
N0160 X150. Z200. T0200;
```

```
N0170 T0100.;
N0180 M05;
N0190 M30;
```

4.3　内螺纹零件的编程与加工

教学目标	1. 掌握内螺纹零件数控车削加工工艺与程序编制方法
	2. 学会数控车床的基本操作方法
	3. 掌握固定循环指令 G90、G92 的用法
内容提示	1. 螺纹套的编程与加工
	2. 实训操作(十一)　螺纹套的编程与加工

任务：完成如图 4.22 所示螺纹套的编程与加工。

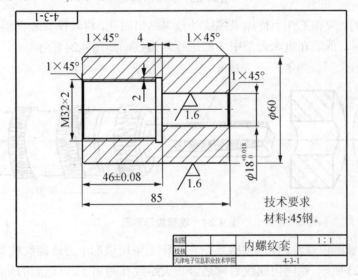

图 4.22　任务工作图 4-3-1

知识点：从工件标注的相关尺寸分析，工件易于加工。为简化加工工艺，保证内外圆同心，可选较长的棒料一次装夹加工完成。该工件加工涉及内螺纹加工工艺、内螺纹刀具和内螺纹刀具安装找正知识。同时学习常用的螺纹检验知识以及 G92 指令在内螺纹加工程序中的应用知识。

难点：内螺纹刀具的安装找正方法。

1. 相关知识点

1) 内螺纹加工工艺知识

(1) 内螺纹的加工方法。

① 在车床上攻螺纹。攻螺纹是用丝锥切削内螺纹的一种加工方法，又称攻丝。丝锥是用高速钢制成的一种成形多刃刀具，可以加工车刀无法车削的小直径内螺纹，而且操作方便，生产效率高，工件互换性好。单件小批生产中，可以用手用丝锥手工攻螺纹；当批量

较大时，则应在车床、钻床或攻螺纹机上用机用丝锥加工。攻螺纹通常适合于一些较小螺纹孔的加工，可达到的精度等级为 IT6～IT7 级，表面粗糙度 Ra1.6～6.3。

a. 丝锥的结构。丝锥如图 4.23 所示，丝锥上开 3～4 条容屑槽，容屑槽能够形成切削刃和前角。

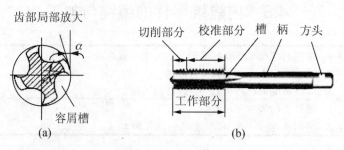

图 4.23 丝锥结构

b. 攻螺纹时，应在工件上待加工螺纹处预先钻出底孔，将丝锥安装在丝锥专用夹具中，或装在机床尾座，或装在机床刀架中才能进行攻螺纹，如图 4.24 所示。

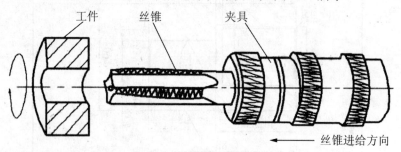

图 4.24 攻螺纹示意图

② 在车床镗削内螺纹。镗削内螺纹是在车床上采用成形车刀或螺纹梳刀加工出内螺纹的方法，如图 4.25 所示。镗削内螺纹通常适合较大螺纹孔的加工，可达到的精度等级为 IT4～IT8 级。内螺纹的加工与外螺纹的加工方法基本相同，但进、退刀方向相反。镗内螺纹时由于刀杆细长、刚性差、切屑不易排出、切削液不易注入及不便于观察等原因，因此比车削外螺纹要困难得多。

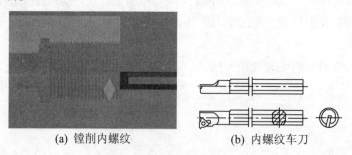

(a) 镗削内螺纹   (b) 内螺纹车刀

图 4.25 镗削内螺纹

(2) 内螺纹车刀的装夹。内螺纹车刀的安装正确与否对螺纹质量的影响至关重要，应注意以下几点：

① 刀柄的伸出长度应大于内螺纹长度 10～20 mm。

② 刀尖应与工件轴心线等高。如果装得过高,车削时容易引起振动,使螺纹表面产生鱼鳞斑;如果装得过低,刀头下部会与工件发生摩擦,车刀切不进去。

③ 应将螺纹对刀样板侧面靠平工件端面,刀尖部分进入样板的槽内进行对刀,如图 4.26 所示,同时调整并夹紧刀具。

④ 装夹好的螺纹车刀应在底孔内手动试走一次,如图 4.27 所示,以防止正式加工时刀柄和内孔相碰而影响加工。

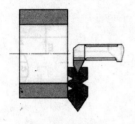

图 4.26　样板对刀

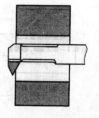

图 4.27　检验刀柄与内孔是否相碰

(3) 内螺纹的检测。内螺纹的检测通常采用螺纹塞规,螺纹塞规如图 4.28 所示。塞规具有通端和止端。测量时,如果通端刚好能旋入,而止端不能旋入,则说明螺纹精度合格。对于精度要求不高的内螺纹,也可以用标准螺杆来检验,以旋入工件时是否顺利和松紧的程度来确定是否合格。对于要求较高的内螺纹,可以用专用的内螺纹测量仪进行检测。

图 4.28　螺纹塞规

(4) 内螺纹尺寸计算。在镗削内螺纹前,一般应先钻孔、扩孔或镗孔,加工出螺纹底孔。由于切削时的挤压作用,内孔直径会缩小,所以镗内螺纹前孔径应略大于螺纹小径的基本尺寸,一般可按下式计算:

镗削塑性材料:$d=D-P$

镗削脆性材料:$d=D-1.05P$

式中,D——螺纹大径(公称直径),mm;

　　　d——螺纹底孔直径(螺纹小径),mm;

　　　P——螺纹导程,mm。

2) 螺纹切削循环指令 G92

G92 指令是切削圆柱螺纹和圆锥螺纹时使用最多的螺纹切削指令。该指令既可以用于外螺纹加工,也可以用于内螺纹加工。

指令格式:

```
G92 X(U)__ Z(W)__ I__ F__;
```

与车削外螺纹相同。

【例 4-3】　用 G92 螺纹切削循环指令编写如图 4.29 所示工件中螺纹孔加工程序,其基本程序段如下(工件材料为 45 钢)。

计算螺纹小径尺寸: $d=D-P=40-2=38$

```
……;
G00 X35.0 Z10.0;
G92 X39.0 Z-110.0 F2.0;
X39.4;
X39.9;
X40.0;
……;
```

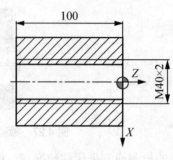

图 4.29 例 4-3 图

2. 任务实施

1) 零件加工分析

该零件的基本结构为套筒类,从图上标注尺寸分析,零件主要加工问题是要保证 M32×2mm 螺纹孔与 ϕ18mm 孔同心。解决的方法是在一次装夹中完成 M32×2mm 螺纹孔和 ϕ18mm 孔加工即可。

2) 制定加工工艺

(1) 工艺过程。根据图纸要求,工件毛坯可选用 45 钢,直径为 ϕ65 mm 棒料。使用三爪自定心卡盘装夹一次安装完成内外形状的加工,能够较容易保证零件的形位精度,工艺简单。

(2) 确定加工顺序。

① 手动加工工序如下:

a. 车端面:手动车削端面见光、见平。

b. 钻中心孔(手动)。

c. 钻孔:手动钻 ϕ14mm 底孔,轴向长大于 90mm。

d. 扩孔:手动扩 ϕ25mm 孔,控制孔深 46mm。

完成 a.～d.手动加工工序,可制得如图 4.30 所示数控加工前的毛坯形状。

② 数控加工工序如下:

a. 车端面。

b. 车外圆:粗、精车外圆至要求。

c. 切槽:切内孔槽。

d. 镗孔:镗削直径 ϕ18mm 孔至要求。

e. 镗螺纹底孔。

f. 加工内螺纹。

g. 切断工件。

h. 掉头,手动车端面。

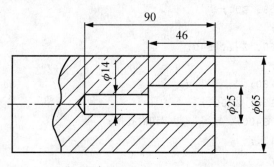

图 4.30

(3) 选择确定切削用量。根据被加工毛坯的材料并结合实际工作条件确定:

① 粗车和粗镗内孔时:主轴转速 $n = 650 \text{r/min}$,进给速度 $f = 80 \text{mm/min}$ 。

② 精车和精镗内孔时:主轴转速 $n = 1000 \text{r/min}$,进给速度 $f = 40 \text{mm/min}$ 。

③ 切槽和切断时:主轴转速 $n = 400 \text{r/min}$,进给速度 $f = 30 \text{mm/min}$ 。

④ 螺纹加工时:主轴转速 $n = 400 \text{r/min}$ 。

(4) 选择刀具。数控加工刀具卡如表 4-5 所示。

表 4-5　数控加工刀具卡

产品名称或代号			零件名称		内螺纹套	零件图号	4-3-1
序号	刀具号	刀具规格名称	数	量	加 工 表 面	刀尖半径/ mm	备注
1	T01	硬质合金 90° 外圆车刀	1		车端面及粗、精车外圆轮廓		
2	T02	内孔切槽刀,刀宽 4mm	1		内孔切槽		
3	T03	90° 内孔镗刀	1		镗内孔		
4	T04	内螺纹刀	1		车内螺纹		
5	T05	$\phi 2 \text{mm}$ 中心钻	1		钻中心孔		
6	T06	$\phi 14 \text{mm}$ 钻头	1		钻孔		
7	T07	$\phi 25 \text{mm}$ 钻头	1		扩孔		
8	T08	切断刀	1		切断		

(5) 选择机床,确定数控系统。

① 数控机床型号:CK6140。

② 数控系统:FANUC 0i 系统。

3) 数控加工程序

```
O0005;
N0010 G54;
N0020 M03 S650 T0100;车端面、外圆;
N0030 G00 X67. Z0.;
N0040 G01 G98 X10. F80;
N0050 G00 X67. Z2.;
```

```
N0060 G90 X62. Z-90. F80;
N0070 X60.5;
N0080 G00 X58. Z0.;
N0090 S1000;
N0100 G01 X60. Z-1. F40;
N0110 Z-90.;
N0120 X65. F80;
N0130 G00 X150. Z200.;
N0140 T0202 S400;            切内孔槽;
N0150 G00 X13.;
N0160 Z-46.;
N0170 G01 X36. F30;
N0180 G00 X13.;
N0190 Z-43.;
N0200 G01 X36. F30.;
N0210 G00 X13.;
N0220 Z100.;
N0230 X150. Z200. T0200;
N0240 S650 T0303;            镗内孔;
N0250 G00 X13.;
N0260 Z-43.;
N0270 G90 X16. Z-87. F80;
N0280 X17.5;
N0290 G00 Z3.;
N0300 X24.;
N0310 G90 X28. Z-44. F80;    镗螺纹底孔;
N0320 X29.3;
N0330 G00 X33.8 S1000;
N0340 G01 X29.8 Z-2. F40;
N0350 G01 Z-46.;
N0360 X18.;
N0370 Z-84.;
N0380 X20. Z-85.;
N0390 Z-87.;
N0400 X17.;
N0410 G00 Z100.;
N0420 X150. Z200. T0300;
N0430 T0404 S400;            车螺纹;
N0440 G00 X29. Z6.;
N0450 G92 X31. Z-43. F2.;
N0460 X31.6;
N0470 X31.9;
N0480 X32.;
```

N0490 X32.;

N0500 X26.8;

N0510 G00 X150. Z200. T0400;

N0520 T0808;　　　　　　　　　　切断;

N0530 G00 X64. Z-89.;

N540 G01 X10. F40;

N0550 G00 X64.;

N0560 G00 X150. Z150. T0800;

N0570 T0100;

N0560 M05;

N0560 M30;

4.4　盘类零件的编程与加工

任务目标	1. 掌握盘类零件数控车削加工工艺与程序编制方法
	2. 掌握数控车床加工盘类零件的基本方法
	3. 掌握固定循环指令 G90 的用法
内容提示	1. 轴承端盖的编程与加工
	2. 实训操作(十二)　盘类零件的编程与加工

　　任务：完成如图 4.31 所示轴承端盖的编程与加工。

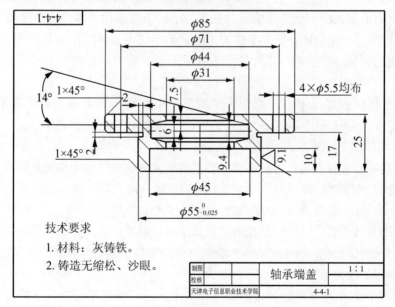

技术要求

1. 材料：灰铸铁。

2. 铸造无缩松、沙眼。

制图		轴承端盖	1:1
校核			
天津电子信息职业技术学院			4-4-1

图 4.31　任务工作图 4-4-1

　　知识点：盘类零件的制造多采用锻造或铸造毛坯，加工余量小。可夹持部位受工件形状和尺寸的限制，加工部位多，且多数情况要求内外圆表面同心，装夹找正工作量大是盘类零件的加工特点。盘类零件的加工主要涉及装夹工艺知识。

　　难点：多次装夹的定位、找正措施。

1. 相关知识点

1) 盘类零件的工艺知识

(1) 盘类零件的作用与特点。盘类零件主要由端面、外圆、内孔等组成，零件直径一般大于零件的轴向尺寸，在机器中主要起支承、连接、定位和密封等作用。除了有较高尺寸精度和表面粗糙度要求外，盘类零件往往对支承用端面有较高平面度、两端面平行度要求；对转接作用中的内孔等有与平面的垂直度要求，外圆、内孔间的同轴度要求；不少盘类零件的外圆对孔有径向圆跳动的要求，端面对孔有端面圆跳动的要求。常见的盘类零件有齿轮、带轮、飞轮、手轮、法兰、联轴器、套环、垫圈、轴承端盖等。

(2) 盘类零件的制造工艺。

① 毛坯选择。盘类零件常采用钢、铸铁、青铜或黄铜制成。孔径小的一般选择热轧或冷拔棒料，根据不同材料，亦可选择实心铸件，孔径较大时，可作预孔。若生产批量较大，可选择冷挤压等先进毛坯制造工艺，既提高生产率，又节约材料。

② 基准选择。根据零件的作用不同，盘类零件的主要基准有所不同。一是以端面为主(如支承块)，其零件加工中的主要定位基准为平面；二是以内孔为主，由于盘的轴向尺寸小，往往在以孔为定位基准(径向)的同时，辅以端面的配合；三是以外圆为主(较少)，与内孔定位同样的原因，往往也需要有端面的辅助配合。

③ 加工方法选择。零件上回转面的粗、半精加工仍以车削为主，精加工则根据零件材料、加工要求、生产批量大小等因素选择精车、磨削、拉削或其他加工方法。零件上非回转面的加工，则根据表面形状选择恰当的加工方法，一般安排于零件的半精加工阶段。

④ 工艺路线。与轴相比，盘类零件加工工艺的不同主要体现在安装方式上。当然，随零件组成表面的变化，涉及的加工方法亦会有所不同。盘类零件的加工过程通常包含以下步骤：

下料(或备坯)—去应力处理—粗车—半精车—平磨端面(亦可按零件情况不作安排)—非回转面加工—去毛刺—中间检验—最终热处理—精加工主要表面(精车或磨)—终检。

(3) 盘类零件加工安装方式。

① 三爪自定心卡盘安装。用三爪自定心卡盘装夹外圆时，为定位稳定可靠，常采用反爪装夹(共限制工件除绕轴转动外的 5 个自由度)；装夹内孔时，以卡盘的离心力作用完成工件的定位、夹紧(亦限制了工件除绕轴转动外的 5 个自由度)。

② 用专用夹具安装。以外圆作径向定位基准时，可以定位环作定位件；以内孔作径向定位基准时，可用定位销(轴)作定位件。根据零件构形特征及加工部位、加工要求等因素，选择径向夹紧或端面夹紧。

(4) 盘类零件的工艺制定。制定盘类零件的工艺时，保证平面度、平行度、同轴度、垂直度和跳动度等是重点考虑的问题。为保证加工精度要求和数控车削时工件装夹的可靠性，制定工艺时还应注意加工顺序和装夹方式。与轴类零件加工类似，盘类零件在工艺上一般分粗车和精车。精车时，尽可能把有位置精度要求的外圆、孔、端面在一次安装中全部加工完。若有位置精度要求的表面不可能在一次安装中完成时，通常先作孔，然后以孔定位在心轴上加工外圆或端面。

2) 常用编程指令 G00、G01、G90 的应用

G00、G01、G90 指令在盘套类零件的加工程序中的应用与外圆加工时的作用相同,其指令的作用与编程格式已在模块 3 中较详尽的学习和训练过,不再重复介绍。此处,只是要通过该任务的实施使得学生进一步加深对相关指令的理解和巩固。

2. 任务实施

1) 零件加工分析

轴承端盖是典型的盘类零件,材料为灰铸铁,易切削。根据工件的使用要求,加工主要尺寸是直径 $\phi 55mm$ 外圆与箱体孔配合。同时,$\phi 55mm$ 外圆端面及 $\phi 85$ 法兰盘侧端面相对于中心线有垂直度要求。为解决以上工艺要求,可采用一次装夹完成内孔及上述表面的加工,保证达到加工要求。

2) 制定加工工艺

(1) 工艺过程。该零件毛坯为单个铸造毛坯,加工余量较均匀,设各处加工余量均为 5mm,三爪自定心卡盘装夹可夹持的轴向尺寸较少,不利于装夹定位和限制毛坯绕 X 轴转动的自由度。为消除以上不利因素,可使用反三爪。在毛坯端面与三爪自定心卡盘定位台阶之间加垫定位圈套,控制毛坯装夹时的轴向位置。第一次装夹,夹持 $\phi 55mm$ 毛坯表面,车端面及 $\phi 85mm$ 外圆至要求。掉头第二次装夹,夹持已车削的 $\phi 85mm$ 外圆表面,完成零件的加工成形。

(2) 确定加工顺序。

① 车端面及车 $\phi 85mm$ 外圆至尺寸,三爪装夹夹持 $\phi 55$ 毛坯外圆。

② 掉头装夹,粗、精车外圆至要求。

③ 切槽:切外圆 2mm×2mm 沟槽。

④ 粗、精镗内孔 $\phi 31mm$ 和 $\phi 45mm$ 至尺寸。

⑤ 镗削密封圈沟槽至尺寸

(3) 确定切削用量。根据硬质合金刀具加工灰铸铁材料有关资料确定:
主轴转速 $n = 650r/min$,进给速度 $f = 40 \sim 60mm/min$ 。

(4) 选择刀具。数控加工刀具卡如表 4-6 所示。

表 4-6 数控加工刀具卡

产品名称或代号			零件名称		轴承端盖	零件图号	4-4-1
序号	刀具号	刀具规格名称	数	量	加工表面	刀尖半径/ mm	备注
1	T01	硬质合金 90°外圆车刀		1	车端面及粗、精车外圆轮廓		
2	T02	外圆切槽刀,刀宽 2mm		1	切槽		
3	T03	镗刀		1	镗孔		
4	T04	内孔切槽刀,刀宽 4mm		1	切内槽		

(5) 选择机床,确定数控系统。

① 数控机床型号:CK6140。

② 数控系统:FANUC 0i 系统。

(6) 坐标系确定与数值计算。

① 坐标系的确定。根据工件的加工工艺，该零件需要两次装夹，为编程方便每次装夹为各自独立的坐标系。如图 4.32 所示，图 4.32(a)为第一次装夹坐标系，设为 G54。图 4.32(b)为第二次装夹坐标系，设为 G55。

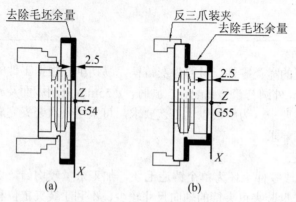

图 4.32　二次装夹坐标系的设定

② 内孔密封槽坐标尺寸计算。

按图 4.33 所示切槽结构尺寸确定 A、B、C、D 位置点坐标。

A 坐标：X=31　　Z=-(10+7.5-9.4/2+2.5)=-15.3;

B 坐标：X=44　　Z=-(10+7.5-6/2+2.5)=-17.0;

C 坐标：X=44　　Z=-(10+7.5+6/2+2.5)=-23.0;

D 坐标：X=31　　Z=-(10+7.5+9.4/2+2.5)=-24.7;

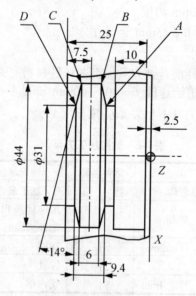

图 4.33　切槽结构尺寸

3) 数控加工程序

(1) 第一次装夹。

```
O0006;
N0010 G54;
N0020 M03 S650 T0100;
N0030 G00 X92. Z-1.5;        ┐
N0040 G01 G98 X25. F60;      │
N0050 G00 X92. Z-1.0;        ├ 车端面两刀;
N0060 Z-2.5;                 │
N0070 G01 X25. F40;          ┘
N0080 G00 X92. Z0.;
N0090 G90 X85.5 Z-14. F60;   车端面两刀;   G90 循环车ϕ85 外圆;
N0100 G00 X83. Z-2.5;        ┐
N0110 G01 X85.Z-3.5 F40;     ├ 倒角及精车外圆;
N0120 Z-14.;                 ┘
N0130 G00 X150. Z200.;
N0140 M05;
N0150 M30;
```

(2) 第二次装夹。

```
O0007;
N0010 G55;
N0020 M03 S650 T0100;
N0030 G00 X62. Z-2.;         ┐
N0040 G01 X25. F60;          │
N0050 G00 X62. Z-1.;         ├ 车端面两刀;
N0060 Z-2.5;                 │
N0070 G01 X25. F40;          ┘
N0080 G00 X86. Z0.;          ┐
N0090 Z-19.;                 │
N0100 G01 X60.5 F60;         ├ 定位,车ϕ85 法兰右端面去余量;
N0110 X62.;                  │
N0120 G00 Z0.;               ┘
N0130 G90 X55.5 Z-19.F60;    G90 循环车外圆;
N0140 G00 X53. Z-2.5;        ┐
N0150 G01 X55.Z-3.5 F40.;    │
N0160 Z-19.5.;               ├ 倒角及精车外圆;
N0170 X83.;                  │
N0180 X85. Z-20.5;           ┘
N0190 G00 X150. Z200.;
N0200 T0202;                 调外圆切槽刀(宽2mm);
N0210 G00 X56.  Z-19.5;      ┐
N0220 G01 X51 F40;           ├ 切槽;
N0230 G04 X1.;               ┘
N0240 G00 X56.;
N0250 X150. Z200. T0200;
N0260 T0303;                 调镗孔刀;
N0270 G00 X44.5 Z0.;
```

```
N0280 G01 Z-12. F60;
N0290 X30.5;
N0300 Z-28.;
N0310 X30.;
N0320 G00 Z0.;
```
} 按孔轮廓粗镗；

```
N0330 X45.;
N0340 G01 Z-12.5. F40;
N0350 X31.;
N0360 Z-28.;
N0370 G00 X30.;
```
} 按孔轮廓精镗；

```
N0380 Z100.;
N0390 X150. Z200. T0300;
N0400 T0404;
```
调内孔切槽刀（宽 4mm）；

```
N0410 G00 X28. Z0.;
N0420 Z-23.;
N0430 G01 X44. F40;
N0440 G04 X1.;
N0450 G00 X28.;
N0460 Z-21.;
N0470 G01 X44.;
N0480 G04 X1.;
N0490 G00 X31.;
N0500 Z-19.3;
N0510 G01 X44. Z-21.;
```
} 切槽.先切成宽 6mm 方槽（两刀），
再切两侧斜边；

```
N0520 G00 X31.;
N0530 Z-24.7;
N0540 G01 X44. Z-23.;
N0550 G00 X28.;
N0560 Z100.;
N0570 X150. Z200. T0400;
N0580 M05;
N0590 M30;
```

小　结

本模块包括简单套类零件、锥孔类零件、内螺纹零件等盘套类零件的数控车削工艺分析、编程与加工方法介绍。要求读者能利用所学知识，正确编制加工程序。

思考与练习

1. 如何安排套类零件的加工顺序？
2. 加工盲孔和通孔时，镗刀几何形状有哪些区别？

3．常用孔加工方法有哪些？

4．使用 G90 进行内孔循环加工时的循环始点及切削终点如何确定？

5．使用 G92 进行内螺纹加工时的循环始点及切削终点如何确定？δ_1 与 δ_2 的意义？

6．编制习题图 4.1 所示套类零件的内孔加工程序，已知毛坯内孔直径为 $\phi 16$mm。

7．编制习题图 4.2 所示端盖的内轮廓加工程序，已知毛坯内孔直径为 $\phi 80$mm。

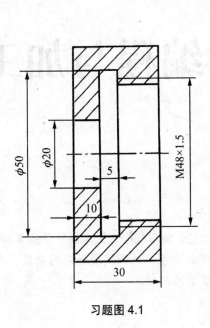

习题图 4.1

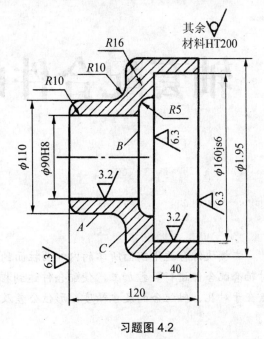

习题图 4.2

模块 5

轴套配合件的编程与加工

　　本模块综合运用前面所学的内外圆柱面的加工工艺、编程指令、机床操作等基本知识，对轴套配合件进行数控加工，使配合件达到相应的配合要求，从而实现一定的功能。其重点在于对孔、轴配合的尺寸精度、形位公差及表面质量的控制。

任务目标	1. 完成芯轴与轴套配合件的工艺编制
	2. 掌握轴套配合件数控车削加工的程序编制方法
	3. 掌握数控车床的基本操作方法
内容提示	1. 轴套配合件的编程与加工
	2. 实训操作(十三) 轴套配合件的编程与加工
	3. 实训操作(十四) 锥套配合件的编程与加工

任务：完成如图 5.1、图 5.2、图 5.3 所示轴套配合件的编程与加工。

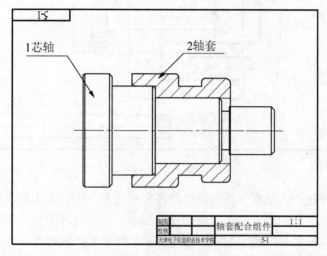

图 5.1   任务工作图

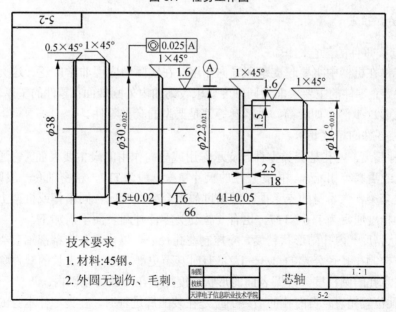

技术要求

1. 材料:45钢。

2. 外圆无划伤、毛刺。

图 5.2   芯轴

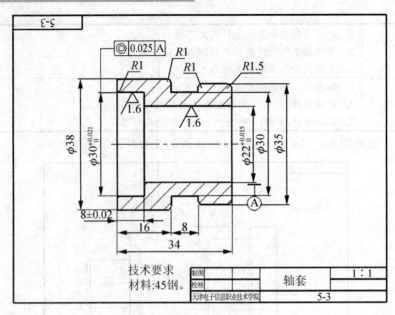

图 5.3 轴套

知识点：配合件加工是在分析各组成件在装配关系、配合要求以及配合件的使用功能的基础上，分析各零件的重点加工部位和精度要求，制定合理的加工工艺方案。本模块任务的实施主要涉及轴套类零件的加工工艺知识和车削加工产生的质量问题及解决措施。

难点：套类零件加工中的主要工艺问题。

1. 相关知识点

1) 轴套类零件的工艺知识

套类零件在机器中主要起支承和导向作用，在实际中应用非常广泛。这类零件结构上有共同的特点：零件的主要表面为同轴度要求较高的内外回转面；零件的壁厚较薄易变形；通常长径比 $L/D>1$ 等。如套筒、轴承套等都是典型的套类零件。

(1) 套类零件的精度要求。

① 尺寸精度。内孔是套类零件起支承作用或导向作用的最主要表面，它通常与运动着的轴、刀具或活塞等相配合。内孔直径的尺寸精度一般为 IT7，精密轴套一般取 IT6。外圆表面一般是套类零件本身的支承面，常以过盈配合或过渡配合同箱体或机架上的孔连接。外径的尺寸精度通常为 IT6～IT7。也有一些套类零件外圆表面不需加工。

② 形状精度。内孔的形状精度，应控制在孔径公差以内，有些精密轴套类零件的内孔形状精度应控制在孔径公差的 1/3～1/2，有时甚至更严一些。对于长的套件除了圆度要求外，还应注意孔的圆柱度。外圆表面的形状精度控制在外径公差以内。

③ 相互位置精度。当内孔的最终加工是在装配后进行时，套类零件本身的内外圆之间的同轴度要求较低；如最终加工是在装配前完成则要求较高，一般为 0.01～0.05mm。当套类零件的外圆表面不需加工时，内外圆之间的同轴度要求很低。套件端面在工作中作为定位基准面时，套孔轴线与端面的垂直度精度要求较高，一般为 0.01～0.05mm。

④ 表面粗糙度要求。为保证套类零件的功用和提高其耐磨性，内孔表面粗糙度 Ra 的

值为 2.5～0.16μm，有的要求更高达 0.04μm。外径的表面粗糙度 *Ra* 的值为 5～0.63μm。

(2) 套类零件加工中的主要工艺问题。一般套筒类零件在机械加工中的主要工艺问题是保证内外圆的相互位置精度(即保证内、外圆表面的同轴度以及轴线与端面的垂直度要求)和防止变形。

① 保证相互位置精度。要保证内外圆表面间的同轴度以及轴线与端面的垂直度要求，通常可采用下列几种工艺方案：

a. 在一次安装中加工内外圆表面与端面。这种工艺方案由于消除了安装误差对加工精度的影响，因而能保证较高的相互位置精度。在这种情况下，影响零件内外圆表面间的同轴度和孔轴线与端面的垂直度的主要因素是机床精度。该工艺方案一般用于零件结构允许在一次安装中，加工出全部有位置精度要求的表面的场合。

b. 先加工孔，后加工外圆表面。用这种工艺方法，全部加工分在几次安装中进行，一般先加工孔，然后以孔为定位基准加工外圆表面。当以孔为基准加工套筒的外圆时，常用刚度较好的小锥度芯轴安装工件。小锥度芯轴结构简单，易于制造，芯轴用两顶尖安装，其安装误差很小，因此可获得较高的位置精度。

c. 先加工外圆表面，后加工孔。用这种工艺方法，全部加工分在几次安装中进行，先加工外圆，然后以外圆表面为定位基准加工内孔。这种工艺方案，为保证工件的同轴度要求一般应采用定心精度较高的专用夹具，以保证工件获得较高的同轴度。

② 防止变形的方法。套筒类零件一般壁厚较薄，在加工过程中，往往因夹紧力过大或装夹方式不当而引起变形，致使加工精度降低。防止薄壁套筒件夹紧变形的措施如下：

a. 夹紧力不宜集中于工件的某一部分，应使其分布在较大的面积上，以使工件单位面积上所受的压力较小，从而减少其变形。同时利用软爪装夹，软爪采取自镗的工艺措施，可以减少安装误差，以提高加工精度。图 5.4 是用开缝套筒装夹薄壁工件，由于开缝套筒与工件接触面大，夹紧力均匀分布在工件外圆上，不易产生变形。当薄壁套筒以孔为定位基准时，宜采用胀开式心轴。

b. 采用轴向夹紧工件的夹具。如图 5.5 所示，通过螺母端面沿轴向夹紧，使得其夹紧力产生的径向变形极小。

c. 在工件上做出加强刚性的辅助凸边，当加工结束时，将凸边切去。

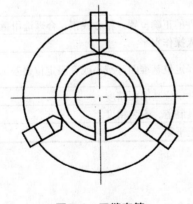

图 5.4　开缝套筒

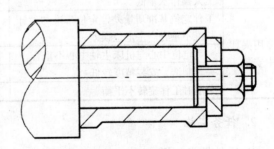

图 5.5　轴向夹紧

d. 使用内部心棒或胀心式夹具。如图 5.6 所示为批量生产某套类零件的夹具，使用时，先镗好内孔，然后将零件套到夹具上，再加工外圆。

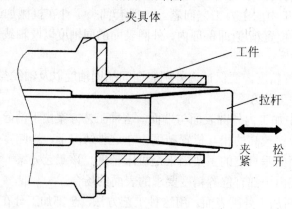

图 5.6 套类零件专用夹具

2) 车削加工产生的质量问题及解决措施

(1) 零件尺寸误差产生的原因及解决措施，如表 5-1 所示。

表 5-1 零件尺寸误差产生的原因及解决措施

序号	尺寸误差产生的原因	解 决 措 施
1	试切时测量不准，产生对刀误差	合理选择和正确使用量具
2	进给系统传动误差	提高定程机构刚度及定程机构的重复定位的准确性
3	数控系统的控制误差	检查、消除进给系统传动间隙
4	工件装夹出现误差	正确选择、使用夹具和定位基准面，提高定位精度
5	工艺系统热变形	合理选择切削用量，利用切削液充分散热，使工艺系统处于热平衡状态

(2) 零件位置误差产生的原因及解决措施，如表 5-2 所示。

表 5-2 零件位置误差产生的原因及解决措施

	位置误差产生的原因	解 决 措 施
通用夹具中装夹找正	通用夹具本身与主轴轴线的位置误差	在车床上修正通用夹具定位面与主轴轴线的位置误差
	找正方法不完善，选择或使用量具不当	选择工件的正确位置，精心找正，合理选用量具
	工人操作水平低	提高工人操作水平
专用夹具中安装	工件定位基准质量差，定位基准与设计基准不重合产生定位误差	合理选择定位基准面，减小或克服定位误差
	夹具定位中心与机床主轴中心不重合	提高工件定位基准面精度
	夹具制造、安装精度较低	提高夹具制造、安装精度
	车削时工件旋转不平衡	及时校正平衡

2. 任务实施

1) 零件技术分析

根据零件的配合要求，1 号件芯轴上的 ϕ22mm 和 ϕ30mm 两级台阶分别与 2 号件轴套上对应台阶孔成动配合。要保证其装配关系，则在加工零件时，必须使芯轴和轴套的 ϕ22

和 ϕ30 两级台阶同心。为防止加工时出现同轴度误差而影响正常配合，应将轴上的 ϕ22mm 和 ϕ30mm 尺寸控制在 ϕ21.985mm 和 ϕ29.985mm 附近，应将套上的 ϕ22mm 和 ϕ30mm 孔尺寸控制在 ϕ22.015mm 和 ϕ30.015mm 附近，以弥补可能出现的同轴度误差带来的影响。

另外，配合组件件 1 芯轴和件 2 轴套均有同轴度要求。检验同轴度时，其检测基准为轴心线，因此，轴类件应用双顶尖装夹测量，套类件应用芯轴装夹测量。考虑到检测的需要 1 号件芯轴应在轴两端作出测量用轴心孔。

2) 制定车削工艺

(1) 加工工艺过程描述。

1 号件阶梯轴属于单侧阶梯轴，轴向总尺寸为 ϕ66mm，使用棒料三爪自定心卡盘一次装夹加工成形即可，但考虑测量的需要应增加钻中心孔工序，1 号件芯轴应加工成如图 5.7 所示结构。

2 号件轴套，从装配关系看，外圆与孔无同轴要求，可采用三爪自定心卡盘装夹长棒料，采用车端面，手动钻 ϕ18mm 通孔作镗孔用底孔。先加工外圆成形达要求，切断获得图 5.8 所示的工序件。第二次装夹，垫铜皮夹持 ϕ35 外圆，一次加工完成内孔即可。

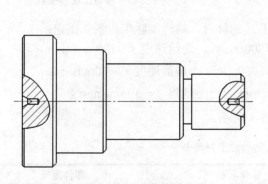

图 5.7　带中心孔的芯轴

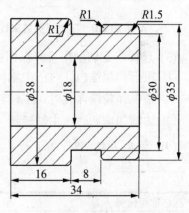

图 5.8　轴套工序件

(2) 确定加工顺序。

① 阶梯轴的加工。

a．手动车端面，钻中心孔；

b．粗、半精车外圆，留余量 0.5mm；

c．切槽；

d．精车外圆至尺寸要求；

e．切断；

f．掉头装夹，垫铜皮三爪自定心卡盘夹持 ϕ30 外圆处，千分表找正 ϕ38 处，钻中心孔，如图 5.9 所示。

② 轴套的加工。

a．手动车端面见光；

b．手动钻中心孔；

c．手动钻 ϕ18mm 通孔；

d. 车外圆成形至尺寸要求；

e. 切断；

f. 掉头装夹，垫铜皮夹持φ35外圆，千分表找正φ38处，如图5.10所示；

g. 手动车端面，保证轴向长度尺寸为34；

h. 镗孔φ22mm和φ30mm至尺寸要求。

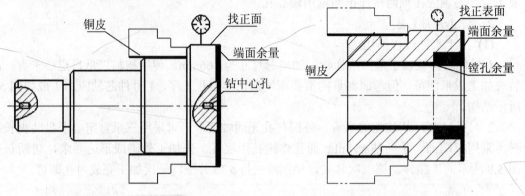

图5.9　芯轴掉头装夹找正　　　　　图5.10　轴套二次装夹找正

(3) 选择确定切削用量。根据被加工毛坯的材料，结合实际工作条件确定：

① 粗车和粗镗内孔时：主轴转速 $n = 800 \text{r/min}$，进给速度 $f = 100 \text{mm/min}$。

② 精车和精镗内孔时：主轴转速 $n = 1000 \text{r/min}$，进给速度 $f = 40 \text{mm/min}$。

③ 切槽和切断时：主轴转速 $n = 400 \text{r/min}$，进给速度 $f = 30 \text{mm/min}$。

(4) 选择刀具。数控加工刀具卡如表5-3所示。

表5-3　数控加工刀具卡

产品名称或代号			零件名称	配合件	零件图号	5-1-1
序号	刀具号	刀具规格名称	数　量	加工表面	刀尖半径/ mm	备注
1	T01	硬质合金90°外圆车刀	1	车端面及粗、精车外轮廓		
2	T02	外圆切槽刀，刀宽25mm	1	切槽		
3	T03	镗刀	1	镗孔		
4	T04	中心钻φ2mm	1	中心孔		
5	T05	钻头φ18mm	1	通孔		

(5) 选择机床，确定数控系统。

① 数控机床型号：CK6140。

② 数控系统：FANUC 0i 系统。

(6) 确定工件坐标系。

1号件芯轴第一次装夹坐标系确定如图5.11所示。

2号件轴套第一次装夹坐标系确定如图5.12所示。2号件轴套第二次装夹坐标系确定如图5.13所示。

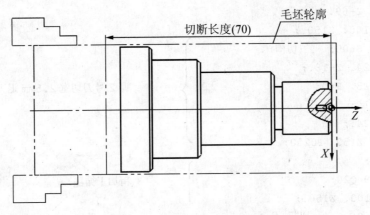

图 5.11　芯轴第一次装夹坐标系

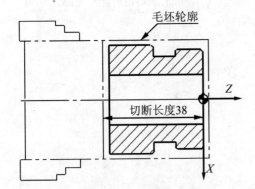

图 5.12　轴套第一次装夹坐标系

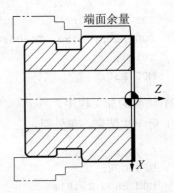

图 5.13　轴套第二次装夹坐标系

3) 数控加工程序

(1) 阶梯轴的加工程序。

```
O0001;
G54 G98;
M03 S800 T0100;
G00 X47 .Z0.;
G01 X0. F100;                              车端面;
G71 U2.0 R0.5;                      ⎫粗加工循环;
G71 P0009 Q0020 U0.5 W0.5 F100 S800; ⎭
N0009 G00 X14. Z0. S1000;
G01 X16 Z-1. F30;
Z-18.;
X20.;
X21.985 Z-19.;
Z-41.;                                    G01 车阶梯轴轮廓;
X28.;
X29.985 Z-42.;
Z-56.;
X36.;
Z-57.;
```

```
N0020 Z-69.;
G00 X100. Z150.;
T0202 S600;    (切槽)
G00 X24. Z-18.;
G01 X13. F40;
G04 X1.;
G00 X24.;
X100. Z150  T0200;
```
调 2 号刀切宽 2.5mm 退刀槽;

```
T0101;
G70 P9 Q20;
G00 X100. Z150.;
```
精加工循环;

```
T0202 S600;    (切断)
G00 X39. Z-70.;
```
切断,轴心留余量 1.5mm;

```
G01 X0. F40;
G00 X100. Z150. T0200;
T0101;
M05 M30;
```

(2) 轴套的加工程序。

① 第一次装夹,车外圆。

```
O0002;
G55 G98;
M03 S800 T0101;
G00 X47. Z0.;
G01 X0. F100;
```
车端面;

```
G00 X47. Z2.;
G90 X41. Z-40. F100;
X38.5;
X36.5 Z-18.;
X35.5;
```
G90 循环车阶梯轮廓;

```
G00 X100. Z150. T0100;
T0202 S600;
G00 X39.Z-18.5;
G94 X30.Z-18.5 F40;
Z-16.5;
Z-15.5;
Z-14.5;
G01 X35.Z-14.5;
```
G94 端面循环路径切槽;

```
G03 X33.Z-15.5 R1.;
G00 X38.;
Z-17.5;
```
切槽刀加工两处 $R1$ 圆弧倒角;

```
G02 X36. Z-16.5 R1.;
G00 X39.;
X100. Z150. T0200;
T0101;
```

```
G00 X0.0 Z0.0;
G01 X32.0 F50;
G03 X35.0 Z-1.5 R1.5;        精车外轮廓;
G01 Z-18.0;
X38.0;
Z-40.0;
X40.0;
G00 X100.0 Z100.0 T0100;
T0202;
G00 X40.0 Z-38.0;
G01 X16.0 F50;               切断,轴向留余量1.5mm;
G00 X50.0;
X100.0 Z100.0 T0200;
T0101;
M05;
M30;
```

② 掉头,第二次装夹。

```
O0003;
G56 G98;
M03 S800 T0101;
G00 X40. Z0.0;               精车端面;
G01 X16.0 F100;
G00 X100.0 Z100.0 T0100;
T0303;                       调车刀;
G00 X16.0 Z5.0;
G90 X20.5 Z-40.0 F100;
X21.5;
X24.5 Z-8.0;                 粗镗、半精镗阶梯孔;
X27.5;
X29.5;
G01 X32.010 Z0.0;
G02 X30.10 Z-1.0 R1.0;
G01 Z-8.0 F50;               倒 R1 圆角,精镗阶梯孔;
G01 X22.010;
Z-40.0;
X100. Z150. T0300;
T0101;
M05;
M30;
```

小　　结

学习并掌握轴套配合件的数控车削工艺分析、编程与加工方法,能综合运用本书各模块所学的工艺制定、程序编制及机床加工等知识，合理编制加工程序并加工出中等复杂程度的配合件。

思考与练习

1．为满足孔轴配合的装配和定位要求，轴类零件的端面和轴肩处结构的设计应注意什么？

2．轴类零件加工常用的装夹方式有哪些？

3．为保证内外螺纹的旋合性，螺纹大小径的尺寸如何确定？

模块 6

数控机床的使用与维护

在生产中，数控车床能否达到加工精度高、产品质量稳定、提高生产效率的目标，不仅取决于车床本身的精度和性能，还取决于数控车床是否得到正确的维护和保养。做好车床的日常维护保养工作，可以延长元器件的使用寿命和机械部件的磨损周期，防止意外恶性事故的发生，使数控车床达到良好的技术性能，长时间稳定工作，保证生产的顺利进行。本模块介绍数控车床的安全操作规程、维修与维护的相关技术知识。

6.1 数控机床维修的技术资料准备

任务目标	1. 会阅读数控车床使用说明书
	2. 会阅读数控系统的操作、编程说明书
	3. 会看机床随机技术资料清单
内容提示	1. 数控机床使用说明书
	2. 数控系统的操作、编程说明书
	3. 机床随机技术资料清单

技术资料是维修的指南,它在维修工作中起着至关重要的作用,借助技术资料可以大大提高维修工作的效率与维修的准确性。数控机床的故障诊断与维修要求维护与维修人员在日常工作中认真整理和阅读有关数控系统的重要技术资料。一个诊断维修水平高的技术人员,必定对数控机床的各种资料的理解得更充分,更细微。一般来说,对于重大的数控机床故障维修,在理想状态下,应具备以下技术资料。

6.1.1 数控机床使用说明书

数控机床使用说明书它是由机床生产厂家编制并随机床提供的随机资料。机床使用说明书通常包括以下与维修有关的内容。

(1) 机床的操作过程和步骤,如机床生产制造厂编制的使用说明书、维修保养手册等。

(2) 机床主要机械传动系统及主要部件的结构原理示意图,如机床机构图、运动部件的装配图、关键件、易耗件的零件图,零件明细表。例如,加工中心应携带的机械资料有各伺服轴的装配图,主轴单元组件图,主轴拉刀、松刀以及吹气部分的结构图,自动换刀装置部分等的装配图,以及上述各部分的零件明细表,各个机械单元的调整资料等。

(3) 机床的液压系统的维修调整资料,包括液压系统原理图、液压元件安装位置图、液压管路图、液压元件明细表、液压马达的调整资料、液压油的标号以及检验更换周期资料、液压系统清理方法和周期等。

(4) 机床的气动系统的维修调整资料,包括气动原理图、气动管路图、气动元件明细表,有关过滤、调压、油化雾化三点组合的调整资料,使用的雾化油牌号等。

(5) 机床的润滑的维修保养资料,一般有润滑单元管路图、元件明细表、管道以及分配器的安装位置图、润滑点位置图、所用润滑油的标号、润滑周期及润滑时间的调整方法等。

(6) 机床的冷却系统的维修保养资料,如切削液循环系统的安装调整说明书、电器柜空调冷却器的安装调整说明书、有关精密部件的恒温装置的安装调整说明书等。

(7) 机床安装和调整的方法与步骤,如安装基础图、搬运吊装图、精度检验表所规定的功能表等。

(8) 机床电气图纸资料,如机床的电气控制原理图、电气接线图,电气位置图,所用的各种电器的规格、型号、数量、生产厂家等明细表。

(9) 有关安全生产的资料,如安全警示图、保护接地图、机床安全事项、操作安全事项等。

(10) 机床使用过程中的维修保养资料, 如维修记录、周期保养记录、机床定期调试记录等。

(11) 机床使用的特殊功能及其说明等。

6.1.2　数控系统的操作、编程说明书

数控系统的操作、编程说明书(或使用手册)是由数控系统生产厂家编制的数控系统使用手册, 通常包括以下内容:

(1) 数控系统的面板说明。

(2) 数控系统的具体操作步骤(包括手动、自动、试运行等方式的操作步骤以及程序、参数等的输入、编辑、设置和显示方法)。

(3) 加工程序以及输入格式、程序的编制方法, 各指令的基本格式以及所代表的意义等。

在部分系统中还可能包括系统调试、维修用的大量信息, 如:"机床参数"的说明、报警的显示及处理方法以及系统的连接图等。数控系统的操作、编程说明书是维修数控系统与操作机床中必须参考的技术资料之一。

6.1.3　机床随机技术资料清单

1. PLC 程序清单

PLC 程序清单是机床厂根据机床的具体控制要求设计、编制的机床控制软件, PLC 程序中包含了机床动作的执行过程, 以及执行动作所需的条件, 它表明了指令信号、检测元件与执行元件之间的全部逻辑关系。借助 PLC 程序, 维修人员可以迅速找到故障原因, 它是数控机床维修过程中使用最多、最重要的资料。

在某些系统(如 FANUC 系统、SIEMENS802D 等)中, 利用数控系统的显示器可以直接对 PLC 程序进行动态检测和观察, 它为维修提供了极大的便利, 因此, 在维修中一定要熟练掌握这方面的操作和使用技能。

2. 机床参数清单

机床参数清单是由机床生产厂根据机床的实际情况对数控系统进行的设置与调整。机床参数是系统与机床之间的"桥梁", 它不仅直接决定了系统的配置和功能, 而且也关系到机床的动、静态性能和精度, 因此也是维修机床的重要依据与参考。在维修时, 应随时参考系统"机床参数"的设置情况来调整、维修机床; 特别是在更换数控系统模块时, 一定要记录机床的原始设置参数, 以便机床功能的恢复。

3. 数控系统的连接说明、功能说明

该资料由数控系统生产厂家编制, 通常只提供给机床生产厂家作为设计资料。维修人员可以从机床生产厂家或系统生产、销售部门获得。

系统的连接说明、功能说明书不仅包含了比电气原理图更为详细的系统各部分之间的连接要求与说明, 而且还包括了原理图中未反映的信号功能描述, 是维修数控系统, 尤其是检查电气接线的重要参考资料。

4. 伺服驱动系统、主轴驱动系统的使用说明书

伺服驱动系统、主轴驱动系统的使用说明书是伺服系统及主轴驱动系统的原理与连接说明书，主要包括伺服、主轴的状态显示与报警显示、驱动器的调试、设定要点，信号、电压、电流的测试点，驱动器设置的参数及意义等方面的内容，可供伺服驱动系统、主轴驱动系统维修参考。

5. 机床主要配套功能部件的说明书与资料

在数控机床上往往会使用较多功能部件，如数控转台、自动换刀装置、润滑与冷却系统、排屑器等。这些功能部件，其生产厂家一般都提供了较完整的使用说明书，机床生产厂家应将其提供给用户，以便功能部件发生故障时进行参考。

以上都是在理想情况下应其备的技术资料，但是实际维修时往往难以做到这一点。因此在必要时，维修人员应通过现场测绘、平时积累等方法完善、整理有关技术资料。这样，在机床发生故障时才能有据可依，有的放矢。

6.2 数控机床的日常维护

任务目标	1. 了解数控设备的预防性维修方法 2. 清楚点检制度 3. 掌握数控系统日常维护的方法
内容提示	1. 数控设备的预防性维修 2. 点检制度 3. 数控系统日常维护

不同种类的数控机床虽然在结构和控制上有所区别，但在机床维护、故障处理及故障诊断等方面有其共性。对数控机床进行维护保养的目的就是要延长机械部件的磨损周期，延长元器件的使用寿命，保证机床长时间稳定可靠地运行。

6.2.1 数控设备的预防性维修

顾名思义，所谓预防性维修，就是要注意把有可能造成设备故障和出了故障后难以解决的因素排除在故障发生之前。一般来说应包含：设备的选型、设备的正确使用和运行中的巡回检查。

1. 从维修角度看数控设备的选型

在设备的选型调研中，除了设备的可用性参数外，其可维修性参数应包含：设备的先进性、可靠性、可维修性技术指标。先进性是指设备必须具备时代发展水平的技术含量；可靠性是指设备的平均无故障工作时间长，出现故障后，排除故障的修理时间越短越好，尤其是控制系统是否通过国家权威机构的质检考核等；可维修性是指其是否便于维修，是否有较好的备件市场购买空间，各种维修的技术资料是否齐全，是否有良好的售后服务、维修技术能力是否具备和设备性能价格比是否合理等。这里特别要注意图纸资料的完整性、

备份系统盘、PLC 程序软件、系统传输软件、传送手段、操作口令等，缺一不可。对使用方的技术培训不能走过场，这些都必须在订货合同中加以注明和认真实施，否则将对以后的工作带来后患。另外，如果不是特殊情况，尽量选用同一家的同一系列的数控系统，这样，对备件、图纸、资料、编程、操作都有好处，同时也有利于设备的管理和维修。

2. 坚持设备的正确使用

数控设备的正确使用是减少设备故障、延长使用寿命的关键，它在预防性维修中占有很重要的地位。据统计，有三分之一的故障是人为造成的，而且一般性维护(如注油、清洗、检查等)是由操作者进行的，解决的方法是：强调设备管理、使用和维护意识，加强业务、技术培训，提高操作人员素质，使其尽快掌握机床性能，严格执行设备操作规程和维护保养规程，保证设备运行在合理的工作状态之中。

3. 坚持设备运行中的巡回检查

根据数控设备的先进性、复杂性和智能化高的特点，使得其维护、保养工作比普通设备复杂且要求高得多。维修人员应通过经常性的巡回检查，如 CNC 系统的排风扇运行情况，机柜、电机是否发热，是否有异常声音或有异味，压力表指示是否正常，各管路及接头有无泄漏、润滑状况是否良好等，积极做好故障和事故预防，若发现异常应及时解决，这样做才有可能把故障消灭在萌芽状态之中，从而可以减少一切可避免的损失。

6.2.2 点检制度

由于数控机床集机、电、液、气等技术为一体，所以对其维护要有科学的管理，有计划、有目的地制定相应的规章制度。对维护过程中发现的故障隐患应及时加以清除，避免停机待修，从而延长平均无故障时间，增加机床的开动率。点检就是按有关维护文件的规定，对数控机床进行定点、定时的检查和维护。

数控机床点检内容如表 6-1 所示。

表 6-1 数控机床点检内容

序号	周期	检查部位	维护的主要内容
1	每天	按钮和指示灯	检查是否正常
2	每天	空气滤清器	检查、清洗或更换
3	每天	联锁装置、定时器	检查是否正常运行
4	每天	电磁铁限位开关	检查是否正常
5	每天	全部电缆接头	检查并紧固，并查看有无腐蚀、破损
6	每天	液压管路接头	检查并紧固、检查液压马达有否渗漏
7	每天	电源电压和开关	查看是否正常，有无缺相和接地不良
8	每月	电动机	检查全部，并按要求更换电刷
9	每月	联轴节、带轮	检查是否松动磨损。清洗或更换滑块和导轨的防护毡垫
10	每月	冷却液箱	清洗，更换冷却液
11	每月	主轴箱、齿轮箱	清洗，重新注入新润滑油，检查间隙是否合适
12	每月	控制柜	认真清扫控制柜内部
13	每月	继电器	检查接触压力是否合适，并根据需要清洗和调整触点

序号	周 期	检 查 部 位	维护的主要内容
14	半年	液压油液	抽取化验，根据化验结果，对液压油箱进行清洗换油，疏通油路，清洗或更换滤油器
15	半年	工作台	检查机床工作台水平，全部锁紧螺钉及调整垫铁是否锁紧，并按要求调整水平
16	半年	镶条、滑块	检查镶条，滑块的调整机构，调整间隙
17	半年	滚动丝杠	检查并调整全部滚动丝杠负荷，清洗滚动丝杠并涂新油
18	半年	电动机	拆卸、清扫电动机，加注润滑油，检查电动机轴承，酌情予以更换
19	半年	联轴节	检查、清洗并重新装好机械式联轴节
20	半年	平衡系统	检查、清洗和平衡系统，视情况更换钢缆或链条
21	半年	电气	清扫电气柜、数控柜及电路板，更换维持 RAM 内容的失效电池
22	半年	滤油器	清洗或更换液压系统及伺服控制系统的滤油器

从点检的要求和内容上看，点检可分为专职点检、日常点检和生产点检 3 个层次，如图 6.1 所示。

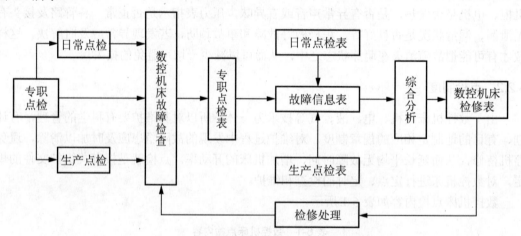

图 6.1　数控机床点检维修过程示意图

1. 专职点检

负责对机床的关键部位和重要部位按周期进行重点点检和设备状态监测与故障诊断，制定点检计划，做好诊断记录，分析维修结果，提出改善设备维护管理的建议。

2. 日常点检

负责对机床的一般部位进行点检，处理和检查机床在运行过程中出现的故障。

3. 生产点检

负责对生产运行中的数控机床进行点检，并负责润滑、紧固等工作。

点检作为一项工作制度必须认真执行并持之以恒，这样才能保证数控机床的正常运行。

6.2.3 数控系统日常维护

1. 机床电气控制柜的散热通风

通常安装于电气控制柜门上的热交换器或轴流风扇，能对电气控制柜的内外进行空气循环，促使电气控制柜内的发热装置或元器件，如驱动装置等进行散热。应定期检查电气控制柜上的热交换器或轴流风扇的工作状况，风道是否堵塞，否则会引起柜内温度过高而使系统不能可靠运行，甚至引起过热报警。

2. 尽量少开电气控制柜门

加工车间飘浮的灰尘、油雾和金属粉末落在电气控制柜上容易造成元器件间绝缘电阻下降，从而出现故障。因此，除了定期维护和维修外，平时应尽量少开电气控制柜门。

3. 支持电池的定期更换

数控系统存储参数用的存储器采用 CMOS 器件，其存储的内容在数控系统断电期间靠支持电池供电保持。在一般情况下，即使电池尚未消耗完，也应每年更换一次，以确保系统能正常工作。电池的更换应在 CNC 系统通电状态下进行。

4. 备用印制电路板的定期通电

对于已经购置的备用印制电路板，应定期装到 CNC 系统上通电运行。实践证明，印制电路板长期不用易出故障。

5. 数控系统长期不用时的保养

数控系统处于长期闲置的情况下，要经常给系统通电，在机床锁住不动的情况下，让系统空运行。系统通电可利用电器元件本身的发热来驱散电气控制柜内的潮气，保证电器元件性能的稳定可靠。实践证明，在空气湿度较大的地区，经常通电是降低故障的一个有效措施。

6.3 数控系统故障诊断

任务目标	1. 学会数控系统常见故障处理的基本方法 2. 掌握数控系统故障诊断的方法 3. 学会使用数控机床故障诊断与维修的常用工具
内容提示	1. 数控系统故障处理 2. 数控系统故障诊断的方法 3. 数控机床故障诊断与维修的常用工具

6.3.1 数控系统故障处理

数控机床的故障有软故障和硬故障之分。所谓软故障，就是故障并不是由硬件损坏引起的，而是由于操作、调整处理不当引起的。这类故障在设备使用初期发生的频率较高，这和操作与维护人员对设备不很熟悉有关。所谓硬故障，就是由外部硬件损坏引起的故障，包括检测开关、液压系统、气动系统、电气执行元件及机械装置等故障，这类故障是数控机床常见的故障。

当机床出现故障时，应从以下方面进行调查。

1. 检查机床的运行状态

(1) 机床故障时的运行方式。
(2) MDI/CRT 显示的内容。
(3) 各报警状态指示的信息。
(4) 故障时轴的定位误差。
(5) 刀具轨迹是否正常。
(6) 辅助机能运行状态。
(7) CRT 显示有无报警及相应的报警号。

2. 检查加工程序及操作情况

(1) 是否为新编制的程序。
(2) 故障是否发生在子程序部分。
(3) 检查程序单和 CNC 内存中的程序。
(4) 程序中是否有增量运动指令。
(5) 程序段跳转功能是否正确使用。
(6) 刀具补偿量及补偿指令是否正确。
(7) 故障是否与换刀有关。
(8) 故障是否与进给速度有关。
(9) 故障是否和螺纹切削有关。
(10) 操作者的训练情况。

3. 检查故障的出现率和重复性

(1) 故障发生的时间和次数。
(2) 加工同类工件故障出现的概率。
(3) 将引起故障的程序段重复执行多次，观察故障的重复性。

4. 检查系统的输入电压

(1) 输入电压是否有波动，电压值是否在正常范围内。
(2) 系统附近是否有使用大电流的装置。

5. 检查机床状况

(1) 机床是否调整好。
(2) 运行过程中是否有振动产生。

(3) 刀具状况是否正常。

(4) 间隙补偿是否合适。

(5) 工件测量是否正确。

(6) 电缆是否有破裂和损伤。

(7) 信号线和电源线是否分开走线。

6.3.2　数控系统故障诊断的方法

1. 直观法

直观法就是利用人的手、眼、耳、鼻等感觉器官来寻找原因。这种方法在维修中是常用的，也是首先使用的。利用感觉器官，注意发生故障时的各种现象，如故障时有无火花、亮光产生，有无异常响声、何处异常发热及有焦糊味等。仔细观察可能发生故障的每块印制电路板的表面状况，有无烧毁和损伤痕迹，以进一步缩小检查范围。

2. CNC 系统的自诊断功能

依靠 CNC 系统快速处理数据的能力，对出错部位进行多路、快速的信号采集和处理，然后由诊断程序进行逻辑分析判断，以确定系统是否存在故障，及时对故障进行定位。据故障内容提示和查阅手册可直接确认故障原因。

故障自诊断是数控系统的一项基本的，同时也是十分重要的技术。故障自诊断能力的强弱是评价一种数控系统性能的重要指标。现在的数控系统，其故障自诊断的能力越来越强，作为体现故障自诊断能力的故障报警种类，在一些数控系统中已经多达上千种。所以，正确理解这些故障报警信息，合理利用故障自诊断功能，对数控系统的诊断和维修是十分关键的。

(1) 开机自诊断。数控系统每次加电，系统内部自诊断软件对系统中最关键的硬件和控制软件，如装置中 CPU、RAM、ROM 等芯片，MDI、CRT、I/O 等模块及监控软件、系统软件等逐一进行检测，并在显示屏上显示检测结果。如果检测中出现故障，则显示报警号，指出发生了什么故障。这种故障报警有的可以将故障原因定位到具体的电路板或者模块上，甚至指出是哪块芯片出了问题，但大多数情况下，故障报警给出的只是一个故障范围，这时候维修人员还必须根据报警信息查找相应的维修手册才有可能找出具体的故障原因和解决办法。

【例 6-1】　日本东芝公司的 TOSNUC-600 系统，开机通电后，逐一进行以下自诊断检查，并且一一在 CRT 上显示出来，如图 6.2 所示。当显示始终停止在某行上，不能继续向下显示时，表示该项目自诊断没有通过。

```
***VERSION  02  （T6ME02—Z）***
    CRT/KEY CHECK
BUBBLE CHECK
PARAMETER  LOADING
SYSTEM ROM CHECK
SERVO 1 CHECK
PC  CHECK
```

图 6.2　TOSNUC-600 开机自诊断界面

(2) 运行自诊断。运行自诊断是数控系统正常工作时运行内部诊断程序，对系统本身、PLC、位置伺服单元及数控装置相连的其他外部装置进行自行测试、检查，并显示有关状态信息和故障信息。只要数控系统不断电，这种自诊断会反复进行，不会停止。

【例 6-2】 某机床厂生产的 XK5040 数控立铣，数控系统为 FANUC-3MA。该机床在驱动 Z 轴时就产生 31 号报警。

故障分析： 首先查阅维修手册，发现 31 号报警为误差寄存器的内容大于规定值。我们依据 31 号报警指示，将 31 号机床参数的内容由 2000 改为 5000，与 X、Y 轴的机床参数相同，然后用手轮驱动 Z 轴，31 号报警消除。但是此时又产生了 32 号报警。查阅维修手册，发现 32 号报警为 Z 轴误差寄存器的内容超过了 ±32767 或数/模转换器的命令值超出了 -8192～+8191 的范围。我们将参数改为 3333 后，32 号报警消除，但 31 号报警又出现了。

尝试修改机床参数，故障一直不能消除。为了诊断 Z 轴位置控制单元是否出了故障，将 800、801、802 诊断号调出，发现 800 在 -1 与 -2 之间变化，801 在 +1 与 -1 之间变化，802 却为 0，无任何变化，这说明 Z 轴位控单元出了故障。为了准确定位控制单元故障，将 Z 轴位置信号与 Y 轴位置信号进行变换，结果发现 31 号报警发生在 Y 轴上。同时 801 变为 0，802 有了变化。这样我们进一步确定了 Z 轴位控单元发生故障。交换伺服驱动控制信号及位置控制信号，Z 信号能驱动 Y 轴，而 Y 信号不能驱动 Z 轴，这样就将故障锁定在 Z 轴伺服电动机上，于是打开 Z 轴伺服驱动电动机，发现位置编码器与电动机之间的十字连接块脱落，致使电动机在工作中无反馈信号而产生上述故障。

故障处理： 将十字连接块与伺服电动机、位置编码器重新连接好，故障消除。

(3) 脱机诊断。一些早期的数控系统，当系统出现故障后，往往需要停机，使用随机的专用诊断纸带对系统进行脱机诊断。诊断时先要将纸带上的诊断程序读入数控装置的 RAM 中，系统中的计算机运行诊断程序，对诊断部位进行测试，从而判定是否有故障。随机的专用纸带一般可以对 CPU、RAM、轴控制口和 I/O 接口、纸带阅读机等进行测试。在系统的 RAM 中输入诊断程序，进行脱机诊断时，一般会冲掉原先存放在 RAM 中的系统程序、数据和零件加工程序。因此，脱机诊断后上述数据要重新输入。

3. 数据和状态检查

CNC 系统的自诊断不但能在 CRT 上显示故障报警信息，而且能以多页的"诊断地址"和"诊断数据"的形式提供机床参数和状态信息。

4. 报警指示灯显示故障

现代数控机床的数控系统内部，除了上述的自诊断功能和状态显示等"软件"报警外，还有许多"硬件"报警指示灯，它们分布在电源、伺服驱动和输入偷出等装置上，根据这些报警灯的指示可判断故障的原因。

5. 备板置换法

利用备用的电路板来替换有故障疑点的模板，是一种快速而简便的判断故障原因的方法，常用于 CNC 系统的功能模块，如 CRT 模块、存储器模块等。

【例 6-3】　一台加工中心，配 FANUC-6M 系统，开机后 CRT 无显示。

故障分析： 按图 6.3 所示故障诊断流程来对故障进行定位。首先检查外围接线，均没有任何问题，最后采用备板置换，CRT 显示正常，这说明接口控制板损坏。

故障处理： 更换 CRT 接口控制板，故障消除。

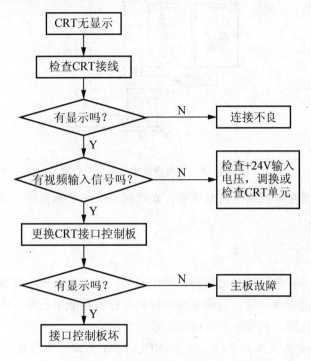

图 6.3　CRT 无显示故障诊断流程

6. 交换法

在数控机床中，常有功能相同的模块或单元，将相同模块或单元互相交换，观察故障转移的情况，就能快速确定故障的部位。这种方法常用于伺服进给驱动装置的故障检查，也可用于两台相同数控系统间相同模块的互换。

【例 6-4】　一台 XK715F 型数控立铣床，配 FANUC-7CM 数控系统，Y 轴(纵向拖板)正向进给正常，反向进给失常，时动时不动，采用手摇脉冲时也是如此。

故障分析： 这类故障的处理我们可以采用交换法，在本例中可以采用换轴法来确定故障部位。如图 6.4 所示，为该系统 X、Y 两轴伺服系统电气连接图，采用如下步骤来进行诊断。

(1) 将插头 XF 与 XI 以及 XH 与 XL 同时交换。

(2) 判断 Y 轴故障是否消除，如果消除，则说明故障发生在位控板、横拖板等控制部分。

(3) 如果上述交换故障没有消除，则将 XH 与 XL 复原，YM 与 XM 进行交换接线。

(4) 判断 Y 轴故障是否消除，如果消除，说明横拖板、Y 轴速度单元发生故障。

(5) 如果上述交换故障没有消除，说明 Y 轴马达组件或机械部件发生故障。

本例诊断过程中，第一次交换后故障仍然存在，第二次交换后故障发生转移，则说明故障存在于 Y 轴速度控制器。

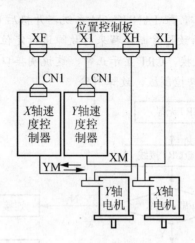

图 6.4　X、Y 两轴伺服系统电气连接

故障排除： 将其电路板拆下进行检查，发现板上有一电容损坏。调换新电容后，再装入系统，故障消除。

7. 敲击法

数控系统是由各种电路板和连接插座所组成的，每块电路板上有很多焊点，任何虚焊和接触不良都有可能出现故障。若用绝缘物轻轻敲打有接触不良疑点的电路板、插件或元器件时，机器出现故障，则故障很可能就在敲击的部位。

【例 6-5】 一台立式加工中心，配 FANUC-7CM 系统，工作时 Z 轴有时会突然落下 2mm 或者 4mm。

故障分析： Z 轴旋转变压器的 1 个节距刚好为 2mm，该故障常常是在机床切削余量大或者床身振动时发生。可见故障发生在位置环区域。采用敲击法，敲击 Z 轴旋转变压器电缆插头座时故障又出现，由此可见该插头座接触不良。

故障处理： 将插头座清洁后并连接牢固，故障消除。

8. 升降温法

人为地将元器件的温度升高(应注意器件的温度参数)或降低，加速一些温度性较差的元器件产生故障或使故障消除来寻找故障原因。

【例 6-6】 一台 XK715F 型数控立铣床，配 FANUC-7CM 系统，工作半小时后 CRT 中部变白，逐渐严重，最后全部变暗，无显示。关机数小时后重启系统，工作半小时后，故障重复出现，故障发生时机床其他各部位工作正常。

故障分析： 根据故障现象发生的特点，首先可以确定故障源应该就在 CRT 本身；其次，可以推测故障的发生与温度有关。打开 CRT 进行检查，发现 CRT 箱内有两处风扇，分别为电源冷风扇和接口控制板冷却风扇，于是人为地将接口控制板冷却风扇停转，结果故障很快就发生，这说明接口控制板的热稳定性很差。

故障处理： 更换 CRT 接口控制板，故障消除。

9. 参数检查法

数控系统的参数是经过一系列试验、调整而获得的重要数据。参数通常是存放在由电池保持的 RAM 中，一旦电池电压不足、数控系统长期不通电或外部干扰会使参数丢失或出现混乱，从而使系统不能正常工作。当机床长期闲置或无缘无故出现不正常现象或有故障而无报警时，就应该根据故障特征，检查和校对有关参数。

在排除某些故障时，对一些参数还需要进行调整，因为有些参数(如各轴的漂移补偿值、传动间隙值等)虽在安装时调整过，但由于试加工的局限性，加工要求或控制要求改变，个别参数会有不适应的情况。对于经过长期运行的数控机床，由于机械传动部件磨损，电气元件性能变化或调换零部件所引起的变化，也需对有关参数进行调整，有些故障往往是由于未及时修改某些不适应的参数值引起的。

【例 6-7】　一台型号为 XK715F 数控立式铣床，所配系统为 FANUC-7CM。该铣床出现 X 轴伺服电动机温升过高现象，无任何报警。

故障分析：检查机械、电动机、伺服单元皆无故障。检查有关参数，发现 22 号参数(速度指令值)在机床停止时，其数值闪动比其他轴大许多。再查 6 号参数(反向间隙补偿量)其补偿值高达 0.25mm。

故障排除：以满足机床加工精度要求为准，适当减小 X 轴反向间隙补偿值后，电动机过热故障消除。

该方法在实际故障诊断过程中经常应用，其实有时机床没有发生故障，我们对机床进行调整可能也会涉及某些参数的修改，这要求我们必须对数控机床的参数有很深的了解。不懂参数的意义而乱修改参数可能会导致机床发生故障。

6.3.3　数控机床故障诊断与维修的常用工具

有的数控系统故障的诊断或排除不需要借助任何的仪器或工具，如参数设置错误、用户程序错误等，但是很多故障的诊断与维修必须借助一些仪器或工具才能实现，现在就数控机床诊断与维修的常用工具与仪器作一简单介绍。

1. 测量仪器、仪表

1) 万用表

数控设备的维修涉及弱电和强电领域，最好配备指针式和数字式万用表各一个。指针式万用表除用于测量强电回路之外，还用于判断二极管、晶体管、晶闸管、电解电容等元器件的好坏，测量集成电路引脚的静态电阻值。数字式万用表可用来正确测量电压、电流、电阻值，还可以测量晶体管的放大倍数和电容值。它还有一个蜂鸣器挡，测量电路的通断，判断印制电路的走向。数字式万用表如图 6.5 所示。

2) 逻辑测试笔

如图 6.6 所示，逻辑测试笔可测试电路是处于高电平还是低电平，或者是不高不低的浮空电平，判断脉冲的极性是正脉冲还是负脉冲，输出的脉冲是连续的还是单个的脉冲，还可以大概估计脉冲的占空比和频率范围。

图 6.5　数字式万用表

图 6.6　逻辑测试笔

3) 示波器

如图 6.7 所示，示波器主要用于模拟电路的测量，它可以显示频率相位、电压幅值，双频示波器可以比较信号相位关系，可以测量测速发电机的输出信号，调整光栅编码器的前置信号处理电路，进行 CRT 显示器电路的维修。

4) PLC 编程器

PLC 编程器如图 6.8 所示。不少数控系统的 PLC 控制器必须使用专用的编程器才能对其进行编程、调试、监控和检查。编程器可以对 PLC 程序进行编辑和修改，监视输入和输出状态及定时器、移位寄存器的变化值。在运行状态下修改定时器和计数器的设置值，可强制内部输出，对定时器、计数器和移位寄存器进行置位和复位等。

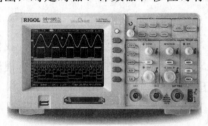

图 6.7　示波器

图 6.8　PLC 编程器

5) 离线 IC 测试仪

离线 IC 测试仪可离线快速测试集成电路的好坏，是数控系统进行片级维修时的必要工具。国内常用的有河洛公司的 PRUFER-20 型手持式常用芯片测试仪。

6) 在线 IC 测试仪

如图 6.9 所示，在线 IC 测试仪是一种使用通用微型计算机技术的新型数字集成电路在线测试仪器。它的主要特点在于能够对焊接在电路板上的芯片直接进行功能、状态和外特性测试，确认其逻辑功能是否失效。它所针对的是每个器件的型号以及该型号器件应该具备的全部逻辑功能，而不管该器件应用在何种电路中，因此它可以检查各种电路板，而且无须图纸资料或了解其工作原理，为缺乏图纸而使维修工作无从下手的数控维修人员提供了一种有效手段，目前在国内应用日益广泛。

7) 短路追踪仪

如图 6.10 所示，短路追踪仪是专门测试印制电路板上或元器件内部短路故障的电子仪器，它可以快速地查找印制电路板上的任何短路，如多层板短路、总线短路、电源对地短路、芯片内部短路、元器件引脚短路以及电解电容内部短路、非完全短路等故障。

图 6.9 在线 IC 测试仪

图 6.10 短路追踪仪

8) 逻辑分析仪

如图 6.11 所示，逻辑分析仪是专门用于测量和显示多路数字信号的测试仪器。它能够显示各被测点的逻辑电平，二进制编码或存储器的内容。维修时，通过测试软件的支持，对电路板输入给定的数据，同时跟踪测试它的输出信息，显示和记录瞬间产生的错误信号，找出故障所在。

9) 激光干涉仪

如图 6.12 所示，激光干涉仪可对机床、三测机及各种定位装置进行高精度的(位置和几何)精度校正。具体说来，它可完成按标准测量各项参数，如线形位置精度、重复定位精度、角度、直线度、垂直度、平行度及平面度等。

图 6.11 逻辑分析仪

图 6.12 激光干涉仪

2. 维修工具

(1) 电烙铁。如图 6.13 所示，电烙铁是最常用的焊接工具。

(2) 吸锡器。吸锡器是拆卸电路板元器件的专用工具，如图 6.14 所示。使用时对准焊点，待锡熔化后按动(手动或脚踩)吸气泵将锡抽净。

(3) 螺钉旋具(螺丝刀)。如图 6.15 所示，常用的螺丝刀是大、中、小尺寸的平口和十字口的各一套。

图 6.13 电烙铁　　　　图 6.14 吸锡器　　　　图 6.15 螺丝刀

(4) 钳类工具。如图 6.16 所示，常用的钳类工具是平头钳、尖嘴钳、斜口钳和剥线钳。

(5) 扳手。如图 6.17 所示，常用的有大小活络扳手、各种尺寸的内六角扳手。

(6) 其他。其他工具还有剪刀、镊子、刷子、吹尘器、清洗盘、带鳄鱼钳连接线。

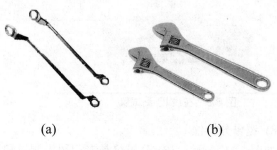

(a)　　　　　　　　　　　　(b)

图 6.16　钳类工具　　　　　　　　　　　图 6.17　扳手

3．化学用品

所需化学用品有松香、纯酒精、清洁触点用喷剂、润滑油等。

4．必要的备件

对于数控系统的维修，备件是一个必不可少的物质条件。如果没有备件可以调换，很多故障我们是无法诊断的，更谈不上维修了。采用备件来替换可能出现故障的元部件，将有助于我们迅速找出故障原因并找到排除故障的方法。但是，由于备件的价格普遍比较昂贵，基于成本控制方面的原因，我们又不可能保存大量的备件，因此，数控系统的备件配置应该根据实际情况，通常一些易损的电气元器件，如各种规格的熔断器、熔丝、开关、电刷，还有易出故障的大功率模块和印制电路板等，均是应当配备的。

6.4　数控机床机械结构故障诊断及维护

任务目标	初步掌握实用诊断技术
内容提示	实用诊断技术的应用

机床在运行过程中，机械零部件受到力、热、摩擦以及磨损等多种因素的作用，运行状态不断变化，一旦发生故障，往往会导致不良后果。因此，必须在机床运行过程中，对机床的运行状态及时作出判断并采取相应的措施。

机床故障诊断的方法有很多，分类标准不同，诊断的方法的名称也不一样，但是，从根本上来说，机床故障诊断与医学诊断是类似的，是借鉴了医学上诊断这一概念。下面就医学上的一些常用的诊断方法与机床诊断的各种方法做一对照，如表 6-2 所示，由此大家可以对机床常用的诊断方法有一个形象的理解。

表 6-2　医学诊断方法与机床诊断方法的对比

医学诊断方法	设备诊断方法	原理及特征信息
中医：望、闻、问、切 西医：望、触、扣、听、嗅	听、摸、看、闻	通过形貌、声音、温度、颜色、气味的变化来诊断
听心音、做心电图	振动与噪声监测	通过振动大小及变化规律来诊断
量体温	温度监测	观察温度变化
验血、验尿	油液分析	观察物理化学成分及细胞(磨粒)形态的变化

续表

医学诊断方法	设备诊断方法	原理及特征信息
量血压	应力应变测量	观察压力或应力变化
问病史	查阅技术档案资料	找规律、查原因、作判别
X射线、超声波检查	非破坏性监测(裂纹)	观察内部肌体缺陷

由维修人员的感觉器官对机床进行问、看、听、触、嗅等的诊断，称为"实用诊断技术"。

6.4.1　问

问即询问机床故障发生的经过，弄清故障是突发的，还是渐发的。一般操作者熟知机床性能，故障发生时又在现场耳闻目睹，所提供的情况对故障的分析是很有帮助的。通常应询问下列情况：

(1) 机床开动时有哪些异常现象。

(2) 对比故障前后工件的精度和表面粗糙度，以便分析故障产生的原因。

(3) 传动系统是否正常，出力是否均匀，背吃刀量和走刀量是否减小等。

(4) 润滑油品牌号是否符合规定，用量是否适当。

(5) 机床何时进行过保养检修等。

6.4.2　看

(1) 看转速。观察主传动速度的变化，如带传动的线速度变慢，可能是传动带过松或负荷太大；对主传动系统中的齿轮，主要看它是否跳动、摆动；对传动轴主要看它是否弯曲或变形。

(2) 看颜色。如果机床转动部位，特别是主轴和轴承运转不正常，就会发热。长时间升温会使机床外表颜色发生变化，大多呈黄色。油箱里的油也会因温升过高而变稀，颜色变样；有时也会因久不换油、杂质过多或油变质而变成深墨色。

(3) 看伤痕。机床零部件碰伤损坏部位很容易发现，若发现裂纹时，应作一记号，隔一段时间后再比较它的变化情况，以便进行综合分析。

(4) 看工件。从工件来判别机床的好坏。

(5) 看变形。主要观察机床的传动轴、滚珠丝杠是否变形；直径大的带轮和齿轮的端面是否跳动。

(6) 看油箱与冷却箱。主要观察油或冷却液是否变质，确定其能否继续使用。

6.4.3　听

用以判别机床运转是否正常。一般运行正常的机床，其声响具有一定的音律和节奏，并保持持续的稳定。

6.4.4　触

用手感来判别机床的故障，通常有以下几方面：

(1) 温变。手感机床相应部件的温度变化情况。

(2) 振动。轻微振动可用手感鉴别，至于振动的大小可找一个固定基点，用一只手去同时触摸便可以比较出振动的大小。

(3) 伤痕和波纹。肉眼看不清的伤痕和波纹，若用手指去摸则可很容易地感觉出来。

(4) 爬行。用手摸可直观的感觉出来运动的不平稳性。

(5) 松或紧用。手转动主轴或摇动手轮，即可感到接触部位的松紧是否均匀适当，从而可判断出这些部位是否完好可用。

6.4.5 嗅

由于剧烈摩擦或电器元件绝缘破损短路，使附着的油脂或其他可燃物质发生氧化蒸发或燃烧产生油烟气、焦糊气等异味，应用嗅觉诊断的方法可收到较好的效果。

6.5 数控车床的安全操作规程

任务目标	1. 做好数控机床工作前、开动机床前的准备工作 2. 掌握数控车床及车削加工中心的一般安全操作规程 3. 了解数控车床操作中的注意事项
内容提示	1. 工作前 2. 开动机床前 3. 数控车床及车削加工中心的一般安全操作规程 4. 操作中特别注意事项

严格遵循数控机床的安全操作规程，不仅是保障人身和设备安全的需要，也是保证数控机床能够正常工作、达到技术性能、充分发挥其加工优势的需要。因此，在数控机床的使用和操作中必须严格遵循数控机床的安全操作规程。

6.5.1 工作前

工作前，必须穿戴好规定的劳保用品，并且严禁喝酒；工作中，要精神集中，细心操作，严格遵守安全操作规程。

6.5.2 开动机床前

开动机床前，要详细阅读机床的使用说明书，在未熟悉机床操作前，勿随意动机床。为了人身安全，请开动机床前务必详细阅读机床的使用说明书，并且注意以下事项：

(1) 交接班记录。操作者每天工作前先看交接班记录，再检查有无异常现象后，观察机床的自动润滑油箱油液是否充足，然后再手动操作加几次油。

(2) 电源。

① 在接入电源时，应当先接通机床主电源，再接通 CNC 电源；但切断电源时按相反顺序操作。

② 如果电源方面出现故障时，应当立即切断主电源。

③ 送电、按按钮前，要注意观察机床周围是否有人在修理机床或电器设备，防止误伤他人。

④ 工作结束后，应切断主电源。

(3) 检查。

① 机床投入运行前，应按操作说明书叙述的操作步骤检查全部控制功能是否正常，如果有问题则排除后再工作。

② 检查全部压力表所表示的压力值是否正常。

(4) 紧急停止。如果遇到紧急情况，应当立即按停止按钮。

6.5.3　数控车床及车削加工中心的一般安全操作规程

(1) 操作机床前，一定要穿戴好劳保用品，不要戴手套操作机床。

(2) 操作前必须熟知每个按钮的作用以及操作注意事项。

(3) 使用机床时，应当注意机床各个部位警示牌上所警示的内容。

(4) 机床周围的工具要摆放整齐，要便于拿放。

(5) 加工前必须关上机床的防护门。

(6) 刀具装夹完毕后，应当采用手动方式进行试切。

(7) 机床运转过程中，不要清除切屑，要避免用手接触机床运动部件。

(8) 清除切屑时，要使用一定的工具，应当注意不要被切屑划破手脚。

(9) 要测量工件时，必须在机床停止状态下进行。

(10) 工作结束后，应注意保持机床及控制设备的清洁，要及时对机床进行维护保养。

6.5.4　操作中特别注意事项

(1) 机床在通电状态时，操作者千万不要打开和接触机床上示有闪电符号的、装有强电装置的部位，以防被电击伤。

(2) 在维护电气装置时，必须首先切断电源。

(3) 机床主轴运转过程中，务必关上机床的防护门，关门时务必注意手的安全，避免造成伤害。

(4)在打雷时，不要开机床。因为雷击时的瞬时高电压和大电流易冲击机床，造成烧坏模块或丢失改变数据，造成不必要的损失，所以，应做到以下几点：

① 打雷时不要开启机床。

② 在数控车间房顶上应架设避雷网。

③ 每台数控机床接地良好，并保证接地电阻小于 4Ω。

(5) 禁止打闹、闲谈、睡觉和任意离开岗位，同时要注意精力集中，杜绝酗酒和疲劳操作。

【特别提示】

做到文明生产，加工操作结束后，必须打扫干净工作场地、擦拭干净机床、并且切断系统电源后才能离开。

小　　结

本模块介绍了数控车床的使用与维护的基本知识，包含：数控机床维修的技术资料准备，数控机床的日常维护，数控机床的故障诊断，数控机床机械结构故障诊断及维护，数控车床的安全操作规程等知识，达到能够正常、合理地使用和维护数控车床进行生产加工的目的。

思考与练习

1. 简述数控车床的操作规程。
2. 数控机床的预防性维护包括哪几方面？
3. 机床点检制度的种类有哪些？
4. 数控系统日常维护的项目有哪些？
5. 数控系统故障诊断的方法有哪些？
6. 数控机床故障诊断的实用技术有哪些？

附　录

1. FANUC 与 SIENMENS 系统程序名书写格式对照表

系统	FANUC	SIENMENS
项目	程序名	程序名
格式	O****	字符 .MPF
说明	****——表示 4 位数字。导零可略，如 10 号程序可以写为 O0010，其中，0010 中的前两个 "00" 称为导零，故可写成 O10	开始两个字符必须是字母，后续符号可以是字母、数字或下画线，字符总量≤16。 .MPF——扩展名。 如 SM01.MPF、AAA130.MPF 等均为 SIENMENS 程序名

2. FANUC 与 SIENMENS 系统常用 G 代码对照表

FANUC G 代码	组别	含　义	SIENMENS G 代码	组别	含　义
G00	01	快速定位	G00	01	快速定位
G01		直线插补	G01		直线插补
G02		顺时针圆弧插补	G02		顺时针圆弧插补
G03		逆时针圆弧插补	G03		逆时针圆弧插补
G04	00	进给暂停	G04	02	进给暂停
G20	06	英制尺寸单位	G70	13	英制尺寸单位
G21		米制尺寸单位	G71		米制尺寸单位
G28	00	返回参考点	G74	02	返回参考点
G29		从参考点返回			
G30		返回第 2、3、4 参考点			
G32		螺纹切削加工	G33		螺纹切削加工
G40	07	取消刀具半径补偿	G40	07	取消刀具半径补偿
G41		刀具半径左补偿	G41		刀具半径左补偿
G42		刀具半径右补偿	G42		刀具半径右补偿
G50	00	坐标系设定或最大主轴速度设定			
G52	00	局部坐标系设定			
G53	00	机床坐标系设定			
G54	14	选择第 1 工件坐标系	G54	08	选择第 1 工件坐标系
G55		选择第 2 工件坐标系	G55		选择第 2 工件坐标系
G56		选择第 3 工件坐标系	G56		选择第 3 工件坐标系
G57		选择第 4 工件坐标系	G57		选择第 4 工件坐标系
G58		选择第 5 工件坐标系	G58		选择第 5 工件坐标系
G59		选择第 6 工件坐标系	G59		选择第 6 工件坐标系

续表

FANUC		含　义	SIENMENS		含　义
G 代码	组别		G 代码	组别	
G70		精加工循环	CYCLE93	车削循环	切槽
G71		粗车外圆循环	CYCLE94		退刀槽切削
G72	00	粗车端面循环	CYCLE95		毛坯切削
G73		多重车削循环	CYCLE96		螺纹退刀槽
G74		排屑钻端面孔循环	CYCLE97		螺纹切削
G90		单一固定循环			
G92	01	螺纹切削循环			
G94		端面切削循环			
G98	05	每分进给	G94	14	每分进给
G99		每转进给	G95		每转进给

3. FANUC 与 SIENMENS 系统常用 M 代码对照表

FANUC	功　能	SIENMENS
M00	程序停止	M00
M01	程序选择停止	M01
M02	主程序停止	M02
M03	主轴顺时针旋转	M03
M04	主轴逆时针旋转	M04
M05	主轴停止	M05
M06	换刀	M06
M08	切削液开	M08
M09	切削液关	M09
M30	主程序结束并返回	M30
M98	子程序调用	
M99	子程序结束并返回	M17

参 考 文 献

[1] 刘伟雄. 数控机床操作与编程培训教程[M]. 北京：机械工业出版社，2001.

[2] 王贵明. 数控实用技术[M]. 北京：机械工业出版社，2001.

[3] 刘书华. 数控机床与编程[M]. 北京：机械工业出版社，2001.

[4] 王平. 数控机床与编程实用教程[M]. 北京：化学工业出版社，2003.

[5] 顾京. 数控机床加工程序编制[M]. 北京：机械工业出版社，2004.

[6] 张安全. 数控加工与编程[M]. 北京：中国轻工业出版社，2005.

[7] 高枫，陈剑鹤. 数控车削编程与操作训练[M]. 北京：高等教育出版社，2005.

[8] 赵长旭. 数控加工工艺[M]. 西安：西安电子科技大学出版社，2006.

[9] 数控加工技师手册编委会. 数控加工技师手册[M]. 北京：机械工业出版社，2006.

[10] 黄志辉. 数控车床编程与操作[M]. 北京：电子工业出版社，2006.

[11] 刘力健. 数控加工编程及操作[M]. 北京：清华大学出版社，2007.

[12] 丛娟. 数控加工工艺与编程[M]. 北京：机械工业出版社，2007.

[13] 刘万菊. 数控加工工艺及编程[M]. 北京：机械工业出版社，2007.

[14] 周保牛. 数控车削技术[M]. 北京：高等教育出版社，2007.

[15] 宋建武. 数控技术基础与应用[M]. 北京：北京大学出版社，2007.

[16] 李银海，戴素江. 机械零件数控车削加工[M]. 北京：科学技术出版社，2008.

[17] 周虹. 数控加工工艺与编程[M]. 北京：人民邮电出版社，2008.

[18] 周虹. 数控车床编程与操作实训教程[M]. 北京：清华大学出版社，2008.

[19] 廖怀平. 数控机床编程与操作[M]. 北京：机械工业出版社，2008.

[20] 张晓东，王小玲. 数控编程与加工技术[M]. 北京：机械工业出版社，2008.

[21] 胡如祥. 数控加工编程与操作[M]. 大连：大连理工大学出版社，2008.

[22] 杨琳. 数控车床加工工艺与编程[M]. 北京：中国劳动社会保障出版社，2009.

[23] 闫华明，杨善迎. 数控加工工艺与编程[M]. 天津：天津大学出版社，2009.

[24] 张明建，杨世成. 数控加工工艺规程[M]. 北京：清华大学出版社，2009.

[25] 韩鸿鸾. 数控车削工艺与编程一体化教程[M]. 北京：高等教育出版社，2009.

[26] 周保牛，黄俊桂. 数控编程与加工技术[M]. 北京：机械工业出版社，2009.

北京大学出版社高职高专机电系列规划教材

序号	书号	书名	编著者	定价	出版日期
1	978-7-301-10371-9	液压传动与气动技术	曹建东	28.00	2011.2 第 5 次印刷
2	978-7-301-12181-8	自动控制原理与应用	梁南丁	23.00	2012.1 第 3 次印刷
3	978-7-5038-4861-2	公差配合与测量技术	南秀蓉	23.00	2011.12 第 4 次印刷
4	978-7-5038-4865-0	CAD/CAM 数控编程与实训(CAXA 版)	刘玉春	27.00	2011.2 第 3 次印刷
5	978-7-5038-4869-8	设备状态监测与故障诊断技术	林英志	22.00	2011.8 第 3 次印刷
6	978-7-301-13262-3	实用数控编程与操作	钱东东	32.00	2011.8 第 3 次印刷
7	978-7-301-13383-5	机械专业英语图解教程	朱派龙	22.00	2012.2 第 4 次印刷
8	978-7-301-13582-2	液压与气压传动技术	袁 广	24.00	2011.3 第 3 次印刷
9	978-7-301-13662-1	机械制造技术	宁广庆	42.00	2010.11 第 2 次印刷
10	978-7-301-13574-7	机械制造基础	徐从清	32.00	2012.7 第 3 次印刷
11	978-7-301-13653-9	工程力学	武昭晖	25.00	2011.2 第 3 次印刷
12	978-7-301-13652-2	金工实训	柴增田	22.00	2011.11 第 3 次印刷
13	978-7-301-14470-1	数控编程与操作	刘瑞已	29.00	2011.2 第 2 次印刷
14	978-7-301-13651-5	金属工艺学	柴增田	27.00	2011.6 第 2 次印刷
15	978-7-301-12389-8	电机与拖动	梁南丁	32.00	2011.12 第 2 次印刷
16	978-7-301-13659-1	CAD/CAM 实体造型教程与实训(Pro/ENGINEER 版)	诸小丽	38.00	2012.1 第 3 次印刷
17	978-7-301-13656-0	机械设计基础	时忠明	25.00	2012.7 第 3 次印刷
18	978-7-301-17122-6	AutoCAD 机械绘图项目教程	张海鹏	36.00	2011.10 第 2 次印刷
19	978-7-301-17148-6	普通机床零件加工	杨雪青	26.00	2010.6
20	978-7-301-17398-5	数控加工技术项目教程	李东君	48.00	2010.8
21	978-7-301-17573-6	AutoCAD 机械绘图基础教程	王长忠	32.00	2010.8
22	978-7-301-17557-6	CAD/CAM 数控编程项目教程(UG 版)	慕 灿	45.00	2012.4 第 2 次印刷
23	978-7-301-17609-2	液压传动	龚肖新	22.00	2010.8
24	978-7-301-17679-5	机械零件数控加工	李 文	38.00	2010.8
25	978-7-301-17608-5	机械加工工艺编制	于爱武	45.00	2012.2 第 2 次印刷
26	978-7-301-17707-5	零件加工信息分析	谢 蕾	46.00	2010.8
27	978-7-301-18357-1	机械制图	徐连孝	27.00	2011.1
28	978-7-301-18143-0	机械制图习题集	徐连孝	20.00	2011.1
29	978-7-301-18470-7	传感器检测技术及应用	王晓敏	35.00	2012.7 第 2 次印刷
30	978-7-301-18471-4	冲压工艺与模具设计	张 芳	39.00	2011.3
31	978-7-301-18852-1	机电专业英语	戴正阳	28.00	2011.5
32	978-7-301-19272-6	电气控制与 PLC 程序设计(松下系列)	姜秀玲	36.00	2011.8
33	978-7-301-19297-9	机械制造工艺及夹具设计	徐 勇	28.00	2011.8
34	978-7-301-19319-8	电力系统自动装置	王 伟	24.00	2011.8
35	978-7-301-19374-7	公差配合与技术测量	庄佃霞	26.00	2011.8
36	978-7-301-19436-2	公差与测量技术	余 键	25.00	2011.9
37	978-7-301-19010-4	AutoCAD 机械绘图基础教程与实训(第 2 版)	欧阳全会	36.00	2012.1
38	978-7-301-19638-0	电气控制与 PLC 应用技术	郭 燕	24.00	2012.1
39	978-7-301-19933-6	冷冲压工艺与模具设计	刘洪贤	32.00	2012.1
40	978-7-301-20002-5	数控机床故障诊断与维修	陈学军	38.00	2012.1
41	978-7-301-20312-5	数控编程与加工项目教程	周晓宏	42.00	2012.3
42	978-7-301-20414-6	Pro/ENGINEER Wildfire 产品设计项目教程	罗 武	31.00	2012.5
43	978-7-301-15692-6	机械制图	吴百中	26.00	2012.7 第 2 次印刷
44	978-7-301-20945-5	数控铣削技术	陈晓罗	42.00	2012.7
45	978-7-301-21053-6	数控车削技术	王军红	28.00	2012.8
46	978-7-301-21119-9	数控机床及其维护	黄应勇	38.00	2012.8

北京大学出版社高职高专电子信息系列规划教材

序号	书号	书名	编著者	定价	出版日期
1	978-7-301-12180-1	单片机开发应用技术	李国兴	21.00	2010.9 第 2 次印刷
2	978-7-301-12386-7	高频电子线路	李福勤	20.00	2010.3 第 2 次印刷
3	978-7-301-12384-3	电路分析基础	徐 锋	22.00	2010.3 第 2 次印刷
4	978-7-301-13572-3	模拟电子技术及应用	刁修睦	28.00	2012.8 第 3 次印刷
5	978-7-301-12390-4	电力电子技术	梁南丁	29.00	2010.7 第 2 次印刷
6	978-7-301-12383-6	电气控制与 PLC(西门子系列)	李 伟	26.00	2012.3 第 2 次印刷
7	978-7-301-12387-4	电子线路 CAD	殷庆纵	28.00	2012.7 第 4 次印刷
8	978-7-301-12382-9	电气控制及 PLC 应用(三菱系列)	华满香	24.00	2012.5 第 2 次印刷
9	978-7-301-16898-1	单片机设计应用与仿真	陆旭明	26.00	2012.4 第 2 次印刷
10	978-7-301-16830-1	维修电工技能与实训	陈学平	37.00	2010.7
11	978-7-301-17324-4	电机控制与应用	魏润仙	34.00	2010.8
12	978-7-301-17569-9	电工电子技术项目教程	杨德明	32.00	2012.4 第 2 次印刷
13	978-7-301-17696-2	模拟电子技术	蒋 然	35.00	2010.8
14	978-7-301-17712-9	电子技术应用项目式教程	王志伟	32.00	2012.7 第 2 次印刷
15	978-7-301-17730-3	电力电子技术	崔 红	23.00	2010.9
16	978-7-301-17877-5	电子信息专业英语	高金玉	26.00	2011.11 第 2 次印刷
17	978-7-301-17958-1	单片机开发入门及应用实例	熊华波	30.00	2011.1
18	978-7-301-18188-1	可编程控制器应用技术项目教程(西门子)	崔维群	38.00	2011.1
19	978-7-301-18322-9	电子 EDA 技术(Multisim)	刘训非	30.00	2012.7 第 2 次印刷
20	978-7-301-18144-7	数字电子技术项目教程	冯泽虎	28.00	2011.1
21	978-7-301-18470-7	传感器检测技术及应用	王晓敏	35.00	2011.1
22	978-7-301-18630-5	电机与电力拖动	孙英伟	33.00	2011.3
23	978-7-301-18519-3	电工技术应用	孙建领	26.00	2011.3
24	978-7-301-18770-8	电机应用技术	郭宝宁	33.00	2011.5
25	978-7-301-18520-9	电子线路分析与应用	梁玉国	34.00	2011.7
26	978-7-301-18622-0	PLC 与变频器控制系统设计与调试	姜永华	34.00	2011.6
27	978-7-301-19310-5	PCB 板的设计与制作	夏淑丽	33.00	2011.8
28	978-7-301-19326-6	综合电子设计与实践	钱卫钧	25.00	2011.8
29	978-7-301-19302-0	基于汇编语言的单片机仿真教程与实训	张秀国	32.00	2011.8
30	978-7-301-19153-8	数字电子技术与应用	宋雪臣	33.00	2011.9
31	978-7-301-19525-3	电工电子技术	倪 涛	38.00	2011.9
32	978-7-301-19953-4	电子技术项目教程	徐超明	38.00	2012.1
33	978-7-301-20000-1	单片机应用技术教程	罗国荣	40.00	2012.2
34	978-7-301-20009-4	数字逻辑与微机原理	宋振辉	49.00	2012.1
35	978-7-301-20706-2	高频电子技术	朱小样	32.00	2012.6
36	978-7-301-20752-9	液压传动与气动技术(第 2 版)	曹建东	40.00	2012.8

请登录 www.pup6.cn 免费下载本系列教材的电子书(PDF 版)、电子课件和相关教学资源。

欢迎免费索取样书,并欢迎到北京大学出版社来出版您的大作,可在 www.pup6.cn 在线申请样书和进行选题登记,也可下载相关表格填写后发到我们的邮箱,我们将及时与您取得联系并做好全方位的服务。

联系方式:010-62750667,yongjian3000@163.com,linzhangbo@126.com,欢迎来电来信。

数控车削技术实训操作报告

北京大学出版社
PEKING UNIVERSITY PRESS

目　录

实训操作报告(一)

数控车床工艺装备的选用

班级_____姓名_____学号_____成绩_____

一、实训目的与要求

1. 了解数控车削加工通用夹具的类型与应用。
2. 掌握数控车刀的分类及选用。
3. 了解常用量具的类型及其使用方法。

二、实训设备及工艺装备

1. 设备：CK6140数控车床(FANUC 0i系统)。
2. 工艺装备：
(1) 夹具：三爪自定心卡盘、四爪单动卡盘、顶尖(回转顶尖、固定顶尖)、花盘等。
(2) 刀具：常用的外圆加工刀具、螺纹加工刀具、内孔加工刀具、麻花钻、中心钻。
(3) 量具：游标卡尺、千分尺、百分表、极限量规。
3. 实验材料：45钢棒料。

三、实训内容

1. 各类夹具安装调试的过程演示。
2. 刀具种类的观察与选用。
3. 量具的认识与使用。

四、简答题

1. 三爪自定心卡盘装夹特点有哪些？

2．顶夹装夹常用于什么类型零件的加工？

3．车刀的基本类型有哪些？

4．常用的量具种类有哪些？

实训操作报告(二)

数控车床仿真系统界面认识及操作练习

班级_____姓名_____学号_____成绩_____

一、实训目的与要求

1. 熟悉数控车床仿真系统界面。
2. 掌握数控车床仿真系统的操作步骤。

二、实训设备及工艺装备

仿真实训室及相关仿真软件(宇龙数控仿真软件)。

三、实训内容

1. 数控车削加工仿真系统界面介绍。
2. 熟悉数控车床仿真加工的基本操作。
3. 数控车床仿真加工的基本操作练习。

四、简答题

1. 仿真系统界面的菜单栏有哪几项？主要功能是什么？

2. 仿真系统的基本操作步骤是什么？

实训操作报告(三)

数控车床的结构与操作

班级_____姓名_____学号_____成绩_____

一、实训目的与要求

1. 熟悉 CK6140 型数控车床(FANUC 0i)的结构及操作方法。
2. 熟悉数控车床加工时基准刀具的对刀操作。
3. 熟悉 CK6140 型数控车床加工零件的全过程。

二、实训设备及工艺装备

1. 设备：CK6140 型数控车床(FANUC 0i 系统)。
2. 工艺装备：90°外圆车刀、切断刀、螺纹刀、卡尺、千分尺。
3. 材料：45 钢。

三、简答题

1. CK6140 型数控车床(FANUC 0i 系统)主要由哪几大部分组成？各部分的作用是什么？

2. CK6140 型数控车床(FANUC 0i 系统)与普通车床的主要区别是什么？

3．CK6140 型数控车床(FANUC 0i 系统)的操作面板由哪几部分组成？各部分的作用是什么？

4．CK6140 型数控车床(FANUC 0i 系统)手动移动刀具的操作方法有哪几种？

5．CK6140 型数控车床(FANUC 0i 系统)实现车削加工的方法有哪几种？

6．在 CK6140 型数控车床(FANUC 0i 系统)上加工零件需要进行哪两种对刀操作？

7．简述在 CK6140 型数控车床(FANUC 0i 系统)上加工零件的全过程。

实训操作报告(四)

简单阶梯轴的编程与加工

班级_____ 姓名_____ 学号_____ 成绩_____

一、实训任务

编制如下图所示阶梯轴的程序并加工此零件。

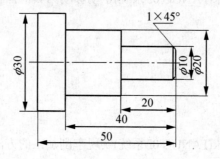

二、实训目的与要求

1. 理解坐标设定指令 G50 的含义并练习其设定方法。
2. 熟悉基本运动指令 G00、G01 的编程方法。

三、实训内容

1. 制订阶梯轴的加工工艺路线。

2. 选择刀具,确定切削用量。

3. 坐标系的确定及相关尺寸计算。

4. 程序的编制(填写在表格中)。
5. 程序的校验(仿真加工、修改程序并说明问题)。

6. 车床加工操作练习(小结)。

程序名								
N	G	X	Z	S	M	T	F	说明各段程序的含义

实训操作报告(五)

圆弧阶梯轴的编程与加工

班级_____ 姓名_____ 学号_____ 成绩_____

一、实训任务

编制圆弧阶梯轴的程序并加工该零件。

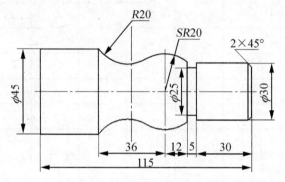

二、实训目的与要求

1. 熟悉、巩固基本运动指令 G00、G01 的编程方法。
2. 掌握圆弧插补指令 G02/G03 的编程方法。

三、实训内容

1. 制订圆弧阶梯轴的加工工艺路线。

2. 选择刀具,确定切削用量。

3. 坐标系的确定及相关尺寸计算。

4. 程序的编制(填写在表格中)。

5. 程序的校验(仿真加工、修改程序并说明问题)。

6. 车床加工操作练习(小结)。

程序名								
N	G	X	Z	S	M	T	F	说明各段程序的含义

实训操作报告(六)

螺纹阶梯轴的编程与加工

班级_____ 姓名_____ 学号_____ 成绩_____

一、实训任务

编制如下图所示螺纹阶梯轴的程序并加工零件。

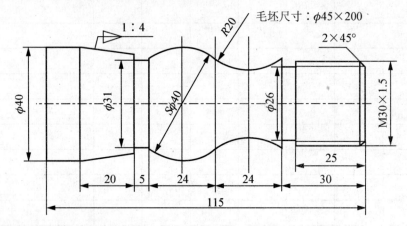

二、实训目的与要求

1. 巩固 G01、G02/G03 指令的编程与应用。
2. 螺纹加工指令 G92 的学习与应用。
3. 刀具位置补偿的设定及应用。

三、实训内容

1. 制订螺纹阶梯轴的加工工艺路线。

2. 选择刀具,确定切削用量。

3. 坐标系的确定及相关尺寸计算。

4. 程序的编制(填写在表格中)。

5. 程序的校验(仿真加工、修改程序并说明问题)。

6. 车床加工操作练习(小结)。

程序名								
N	G	X	Z	S	M	T	F	说明各段程序的含义

实训操作报告(七)

不等距槽零件的编程与加工

班级_____姓名_____学号_____成绩_____

一、实训任务

编制如下图所示零件中不等距槽的加工程序并加工该零件。

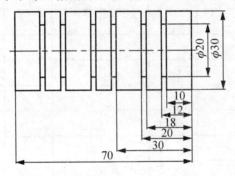

二、实训目的与要求

1. 熟悉子程序的编程及应用。
2. 理解相对坐标的应用及意义。

三、实训内容

1. 制订此零件的加工工艺路线。

2. 选择刀具,确定切削用量。

3. 坐标系的确定及相关尺寸计算。

4. 程序的编制(填写在表格中)。
5. 程序的校验(仿真加工、修改程序并说明问题)。

6. 车床加工操作练习(小结)。

程序名									
N	G	X	Z	S	M	T	F	说明各段程序的含义	

实训操作报告(八)

复杂阶梯轴的编程与加工

班级_____姓名_____学号_____成绩_____

一、实训任务

编制如下图所示复杂阶梯轴的程序并加工该零件。

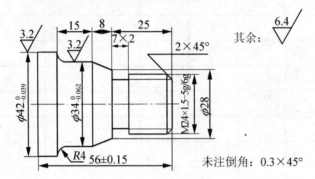

二、实训目的与要求

1. 固定循环加工指令 G90、G92 的学习与应用。
2. 复合循环加工指令 G71、G70 的学习与应用。

三、实训内容

1. 详细制订该零件的加工工艺路线。

2. 选择刀具,确定切削用量。

3. 坐标系的确定及相关尺寸计算。

4. 程序的编制(填写在表格中)。
5. 程序的校验(仿真加工、修改程序并说明问题)。

6. 车床加工操作练习(小结)

程序名								
N	G	X	Z	S	M	T	F	说明各段程序的含义

实训操作报告(九)

轴套的编程与加工

班级_____姓名_____学号_____成绩_____

一、实训任务

编制如下图所示轴套零件的程序并加工该零件。

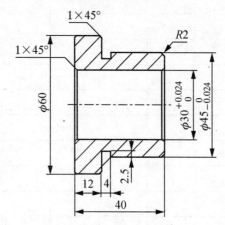

二、实训目的与要求

1. 掌握轴套车削加工程序的编制方法。
2. 掌握内孔加工刀具的对刀方法。
3. 掌握轴套的镗削加工方法。

三、实训内容

1. 制订轴套零件的加工工艺路线。

2. 选择刀具,确定切削用量。

3. 坐标系的确定及相关尺寸计算。

4. 程序的编制(填写在表格中)。
5. 程序的校验(仿真加工、修改程序并说明问题)。

6. 车床加工操作练习(小结)。

程序名									
N	G	X	Z	S	M	T	F		说明各段程序的含义

实训操作报告(十)

锥套的编程与加工

班级_____姓名_____学号_____成绩_____

一、实训任务

编制如下图所示锥套零件的程序并加工该零件。

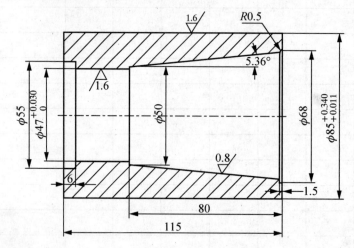

二、实训目的与要求

1. 掌握锥套车削加工程序的编制方法。
2. 掌握车削加工零件装夹找正的基本方法。
3. 掌握锥孔的镗削加工方法。

三、实训内容

1. 制订图示锥套零件的加工工艺路线。

2. 选择刀具,确定切削用量。

3. 坐标系的确定及相关尺寸计算。

4. 程序的编制(填写在表格中)。

5. 程序的校验(仿真加工、修改程序并说明问题)。

6. 车床加工操作练习(小结)。

程序名									
N	G	X	Z	S	M	T	F		说明各段程序的含义

实训操作报告(十一)

螺纹套的编程与加工

班级_____姓名_____学号_____成绩_____

一、实训任务

分析如下图所示零件,确定螺纹加工尺寸,编制螺纹加工程序并加工此零件。

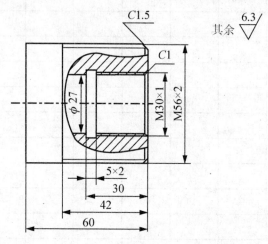

二、实训目的与要求

1. 掌握内螺纹车削加工程序的编制方法。
2. 掌握内孔凹槽的加工方法。
3. 掌握内螺纹车削加工的操作方法。

三、实训内容

1. 制订螺纹套的加工工艺路线。

2. 选择刀具,确定切削用量。

3. 坐标系的确定及相关尺寸计算。

4. 程序的编制(填写在表格中)。
5. 程序的校验(仿真加工、修改程序并说明问题)。

6. 车床加工操作练习(小结)。